高等职业教育智能制造精品教材

U0747964

装配式混凝土预制构件吊装施工技术

主 编 郭 剑
副主编 汤金明 江 雄 王 兰

SANY

中南大学出版社
www.csupress.com.cn
·长沙·

内容简介

    本书为高等职业教育智能制造精品教材系列之一，依据 1＋X 装配式建筑构件施工（中级）职业技能鉴定标准组织编写。教材从强化培养操作技能，掌握实用技术的角度出发，较好地体现了职业岗位新的实用知识与操作技术，对于提高从业人员基本素质，掌握装配式建筑构件施工的核心知识与技能有直接的帮助和指导作用。

    本教材在编写中根据职业岗位的工作特点，以能力培养为根本出发点，采用模块化的编写方式。全书共设置 16 个项目和 8 个实训。实训内容包括：PC 墙板吊装实训、叠合楼板吊装实训、楼梯吊装实训、套筒灌浆实训、构件进场检验实训、预制构件安装验收实训、内装安装验收实训。

    本教材可作为装配式建筑构件施工（中级）职业技能培训与鉴定考核教材，也可供全国中、高等职业技术院校相关专业师生参考使用，以及建筑从业人员培训使用。

高等职业教育智能制造精品教材编委会

前言 PREFACE

　　装配式建筑是用预制部品部件在工地装配而成的建筑。发展装配式建筑是建造方式的重大变革，是推进供给侧结构性改革和新型城镇化发展的重要举措。有利于节约资源能源、减少施工污染、提升劳动生产效率和质量安全水平，有利于促进建筑业与信息化、工业化深度融合，培育新产业新动能，推动化解过剩产能。

　　近年来，我国政府高度重视装配式建筑发展，国务院印发的《关于进一步加强城市规划建设管理工作的若干意见》提出力争用10年左右时间使装配式建筑占新建建筑的比例达到30%。随后，国务院办公厅和北京市关于加快发展装配式建筑的政策文件相继强调保证政策落地实践，相关人才队伍的建设是关键。在政府的大力支持下，行业、企业要不断加大装配式建筑工程管理人员和技术工人的培训力度，对构件装配工、灌浆工等关键工种开展形式多样的岗位技能培训，促进传统的建筑工人向装配式建筑产业化工人转型。

　　湖南三一工业职业技术学院与三一筑工在建筑产业化专业人才培养方面一直紧密合作，联合上下游企业，从装配式建筑设计、制造到装配，全产业链培养专业人才，搭建行业人才培养和交流平台，通过一站式培养装配式建筑专业人才，大幅填补建筑产业人才培养空白。本书结合三一快而居成套技术体系，较为详细地介绍了装配式混凝土预制构件(PC构件)吊装施工的流程及操作方法，以项目化教学方式进行编写，同时，通过加入具体实训任务和各项目的评分标准，告诉读者如何快速从项目化实训中掌握技能。

　　根据不同专业需求，本课程建议安排48~64学时。本书共分四个模块，模块一由郭剑编写，模块二由江雄编写，模块三由汤金明编写，模块四由王兰编写，全书由郭剑负责统稿。

　　本书在编写过程中参考了国内外同类教材和相关资料，已在参考文献中注明，在此一并向原作者表示感谢！由于编者水平有限，书中难免有错误和疏漏之处，欢迎读者多提宝贵意见，共同为中国建筑业的转型发展而努力。

编者

2020年3月

目　录 CONTENTS

模块一

装配式混凝土结构基础知识

项目一
装配式混凝土结构概述

【项目工作页】

姓名		学号		班级		日期	
小组成员							
学习领域	装配式混凝土结构基础知识			学业评分			
学习情境	了解各名词之间的关系			教学课时			
指导老师				主要设备			
项目内容							
项目任务描述							
项目学习参考资源							

1.1 建筑产业现代化

建筑产业现代化是指以绿色发展为理念，以现代科学技术进步为支撑，以工业化生产方式为手段，以工程项目管理创新为核心，以世界先进水平为目标，广泛运用信息技术、节能环保技术，将建筑产品生产全过程连接为完整的一体化产业链系统，其产业链如图 1 - 1 所示。

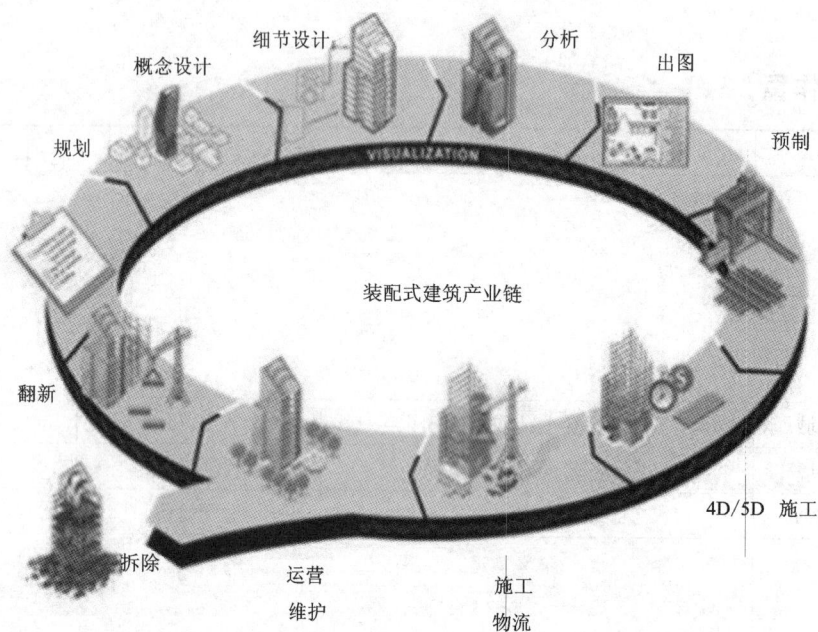

图 1 - 1 装配式建筑产业链

1.2 建筑工业化

建筑工业化是指用现代化的制造、运输、安装和科学管理的工业化的生产方式，来代替传统建筑业中分散的、低水平的、低效率的手工业生产方式。它的主要标志是建筑设计标准化、生产工厂化、施工装配化、装修一体化、管理信息化，如图 1 - 2 所示。

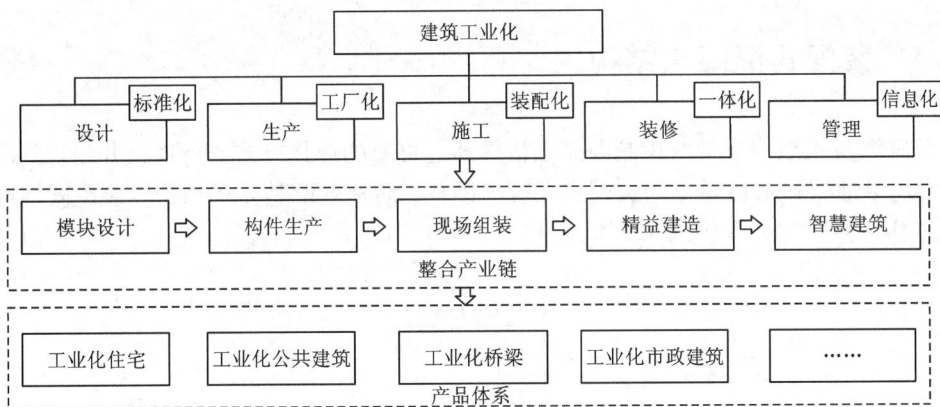

图 1－2　建筑工业化

1.3　装配式建筑

装配式建筑是指把传统建造方式中的大量现场作业工作转移到工厂进行，在工厂加工制作好建筑用品部件，如楼板、墙板、楼梯、阳台等，运输到建筑施工现场，通过可靠的连接方式在现场装配安装而成的建筑。装配式建筑主要包括装配式混凝土结构、装配式钢结构及现代木结构等。装配式建筑采用标准化设计、工厂化生产、装配化施工、一体化装修、信息化管理、智能化应用，属于现代工业化生产方式。大力发展装配式建筑，是落实中央城市工作会议精神的战略举措，是推进建筑业转型发展的重要方式。具体如图 1－3 所示。

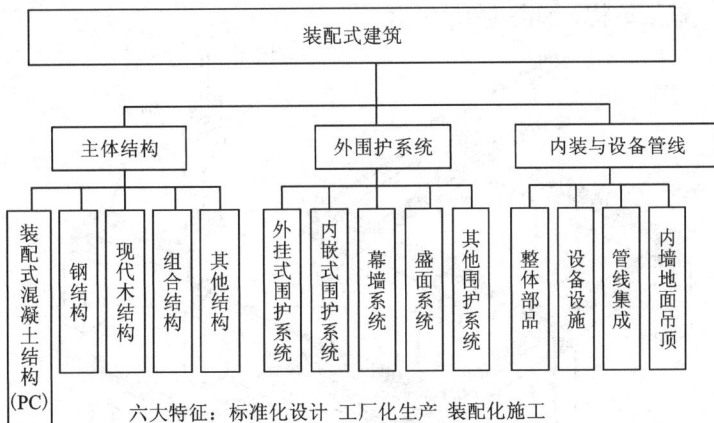

图 1－3　装配式建筑的图标解读

1.4　装配式混凝土结构

装配式混凝土结构是指由预制混凝土构件通过可靠的连接方式进行连接并与现场后浇混凝土、水泥基灌浆料形成整体的装配式混凝土结构，简称装配整体式结构。装配式混凝土结构适用于住宅建筑和公共建筑，具体如图1-4所示。

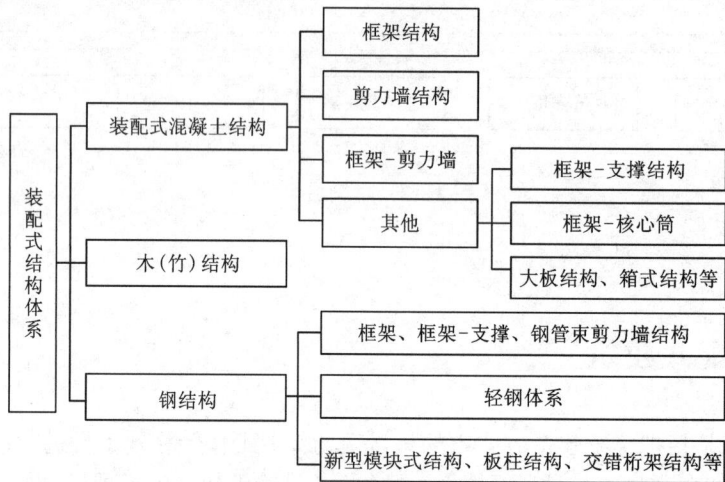

图1-4　装配式结构体系

1.4.1　装配式混凝土框架结构

装配式混凝土框架结构，即全部或部分框架梁、柱采用预制构件构建成的装配式混凝土结构，简称装配式框架结构，如图1-5所示。

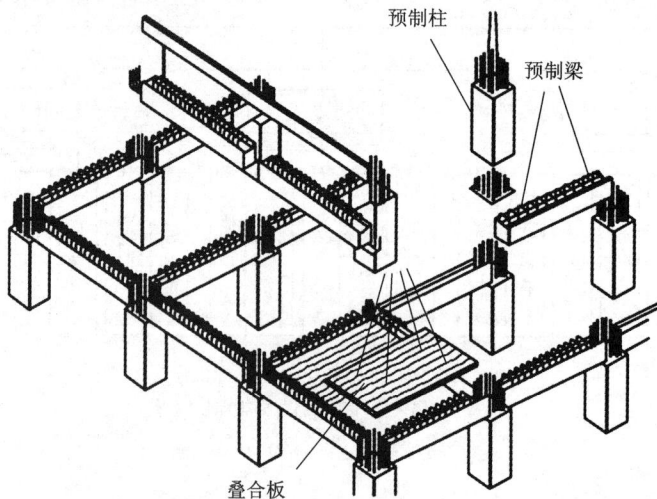

图1-5　装配式混凝土框架结构

1.4.2 装配式混凝土剪力墙结构

装配式混凝土剪力墙结构,即全部或部分剪力墙采用预制墙板构建成的装配式混凝土结构,简称装配式剪力墙结构,如图1-6所示。

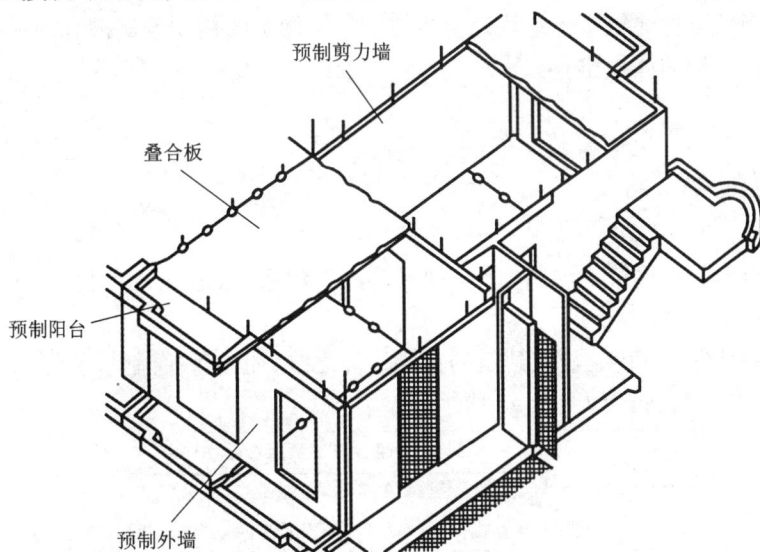

图1-6 装配式混凝土剪力墙结构

1.4.3 装配式混凝土框架-现浇剪力墙结构

装配式混凝土框架-现浇剪力墙结构由装配整体式框架结构和现浇剪力墙(现浇核心筒)两部分组成。这种结构形式中的框架部分采用与预制装配整体式框架结构相同的预制装配技术,使预制装配框架技术在高层及超高层建筑中得以应用,具体如图1-7所示。

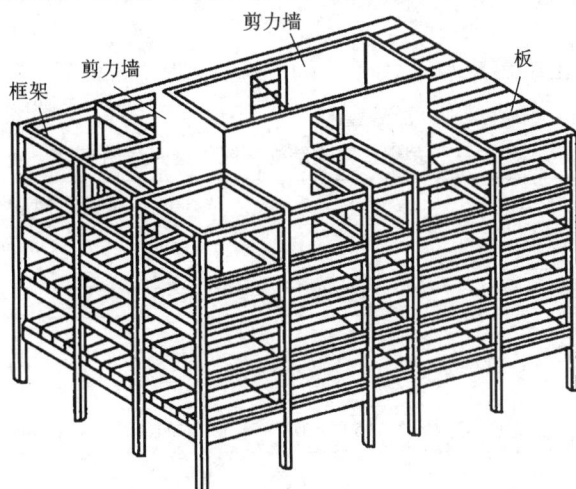

图1-7 装配式混凝土框架-现浇剪力墙结构

7

1.5 预制率

预制率是指工业化建筑室外地坪以上主体结构和围护结构中预制部分的混凝土用量占对应构件混凝土总用量的体积比。

1.6 装配率

装配率是指工业化建筑中预制构件、建筑部品的数量(或面积)占同类构件或部品总数量(或面积)的比率。

预制率、装配率是评价装配式建筑的重要指标之一,也是政府制订装配式建筑扶持政策的主要依据,具体计算公式如图1-8所示。

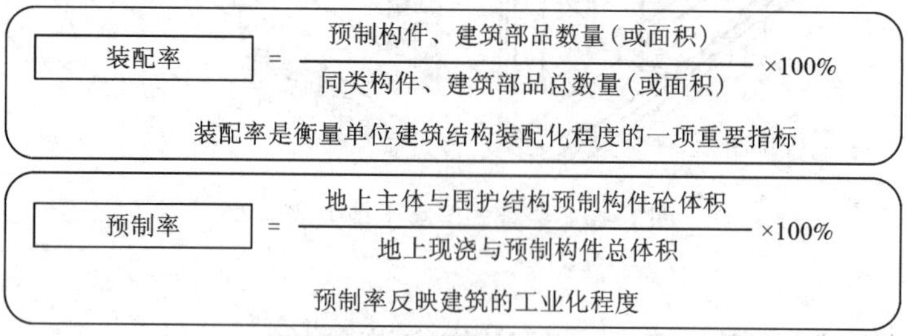

图 1-8 装配率、预制率计算公式

1.7 装配式混凝土结构的适用范围

根据《装配式混凝土结构技术规程》(JGJ 1—2014)规定,装配整体式结构房屋的最大适用度如表1-1所示。

表 1-1 装配整体式结构房屋的最大适用高度 单位:m

结构类型	非抗震设计	抗震设防烈度			
		6 度	7 度	8 度(0.2 g)	8 度(0.3 g)
装配整体式框架结构	70	60	50	40	30
装配整体式框架-现浇剪力墙结构	150	130	120	100	80
装配整体式剪力墙结构	140(130)	130(120)	110(100)	90(80)	70(60)
装配整体式部分框支剪力墙结构	120(110)	110(100)	90(80)	70(60)	40(30)

注:房屋高度是指室外地面到主要屋面的高度,不包括局部突出屋面的部分;当预制剪力墙构件底部承担的总剪力大于该层总剪力的80%时,最大适用高度取表中括号内的数值。

项目二
预制混凝土构件的基本知识

【项目工作页】

姓名		学号		班级		日期	
小组成员							
学习领域	预制混凝土构件的基本知识			学业评分			
学习情境	了解各种构件			教学课时			
指导老师				主要设备			
项目内容							
项目任务描述							
项目学习 参考资源							

装配式混凝土结构是由预制混凝土构件通过可靠的连接方式装配而成的混凝土结构，其基本构件包括柱、梁、剪力墙、楼板、楼梯、阳台、空调板、女儿墙等，这些主要受力构件通常在工厂预制加工完成，待强度等符合规范要求后再运输至施工现场进行装配施工。

2.1 预制混凝土剪力墙外墙板

预制混凝土剪力墙外墙板目前都做成夹心保温外墙板，是集承重、围护、保温、防水、防火等功能于一体的重要装配式预制构件，由内叶墙板、保温材料、外叶墙板三部分组成。具体如图1-9所示。

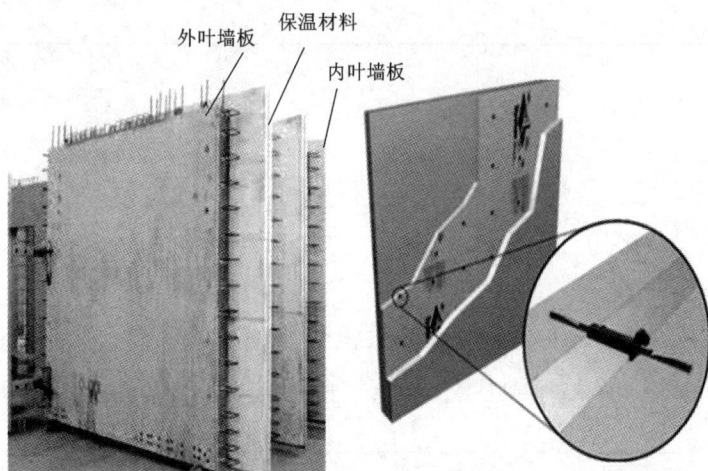

图1-9　预制混凝土剪力墙外墙板

墙板和墙板之间在剪力墙边缘构件部位通过后浇混凝土按施工缝做法形成整体，外叶板缝使用建筑耐候胶密封防水，具体如图1-10所示。

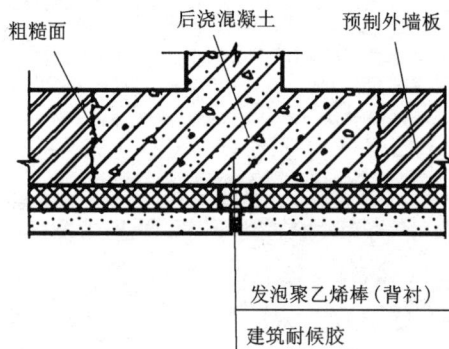

图1-10　预制混凝土剪力墙后浇混凝土

2.2　预制混凝土剪力墙内墙板

预制混凝土剪力墙内墙板(亦称预制实心剪力墙)是指将混凝土剪力墙在工厂预制成实心构件,并在现场通过预留钢筋与主体结构相连接(如图1-11所示)。随着灌浆套筒在预制剪力墙中的使用,预制实心剪力墙的使用越来越广泛。

图1-11　预制混凝土剪力墙内墙板

2.3　预制叠合剪力墙

预制叠合剪力墙是指一侧或两侧均为预制混凝土墙板,在另一侧或中间部位现浇混凝土,从而形成共同受力的剪力墙结构。它具有制作简单、施工方便等优势,具体如图1-12所示。

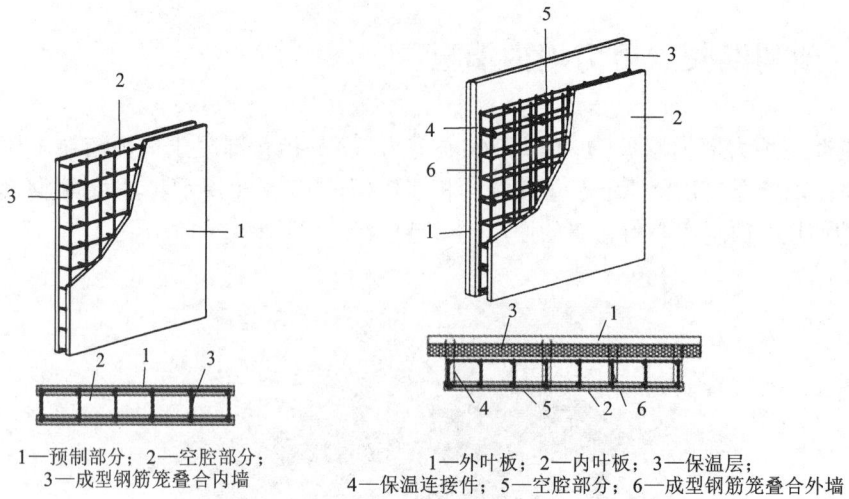

1—预制部分；2—空腔部分；　　　　　　1—外叶板；2—内叶板；3—保温层；
3—成型钢筋笼叠合内墙　　　　　　　　4—保温连接件；5—空腔部分；6—成型钢筋笼叠合外墙

图1-12　模壳墙

2.4　外挂墙板

预制外挂墙板是安装在主体结构上起围护、装饰作用的非承重预制混凝土外墙板。预制外挂墙板多做成夹心保温外墙板。预制外挂墙板与主体结构的连接采用柔性连接构造，有点支撑和线支撑两种安装方式，如图1-13所示。

图1-13　点支撑(左)、线支撑(右)外挂墙板工程实例

2.5 PCF 板

PCF 板是预制混凝土外叶墙板加保温板的永久模板,主要用于装配式结构的转角施工,如图 1 – 14 所示。

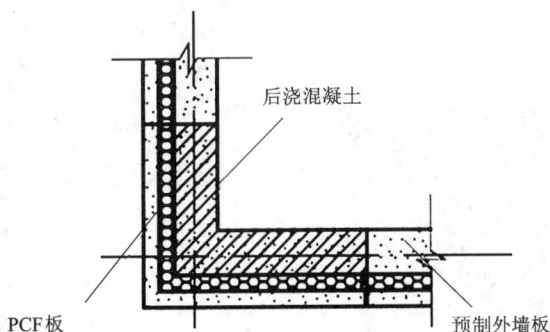

图 1 – 14 PCF 板用于装配式结构的转角板

2.6 装配整体式混凝土剪力墙体系的阳台板、飘窗、空调板

根据装配整体式结构施工不搭设外脚手架的特点,从设计上应该从这一点出发,不要将阳台板、飘窗、空调板、太阳能挂板设计成悬挑板,应与外墙板做成一体,或设计为简支结构,如图 1 – 15 所示。

图 1 – 15 装配式建筑的阳台板、飘窗、空调板

2.7　预制混凝土柱

预制混凝土柱是指采用钢筋套筒连接形式的钢筋混凝土框架结构预制装配体系的预制柱，如图 1−16 所示。

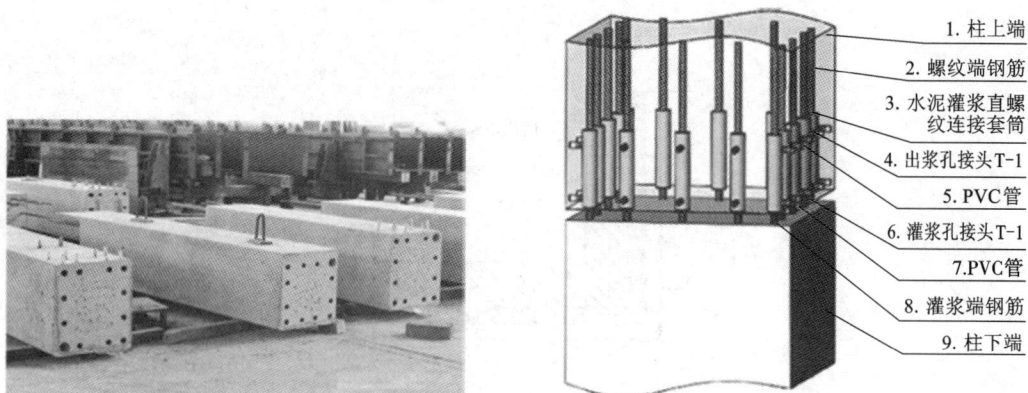

1. 柱上端
2. 螺纹端钢筋
3. 水泥灌浆直螺纹连接套筒
4. 出浆孔接头T-1
5. PVC管
6. 灌浆孔接头T-1
7. PVC管
8. 灌浆端钢筋
9. 柱下端

图 1−16　预制混凝土柱

2.8　预制空心柱

叠合框架梁整体成型钢筋笼由焊接箍筋网片(或弯折成形箍筋网片)和梁纵筋组成，用于 SPCS 体系，操作简单，现场连接可靠易检。采用离心加工方式，施工现场不需要另外支模，也无须绑扎钢筋。还有构件自重轻，可实现大模板，少拼缝，如图 1−17 所示。

S构件：预制柱

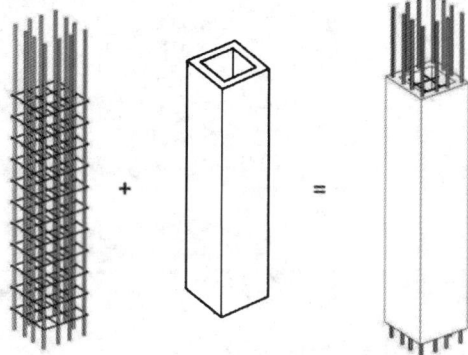

1—预制部分；2—空心部分；3—成型钢筋笼

叠合柱构件

图 1−17　预制空心柱

2.9 预制混凝土梁

预制混凝土梁根据施工工艺的不同,可分为预制实心梁和预制叠合梁。预制实心梁制作简单,构件自重较大,用于厂房和多层建筑中。预制叠合梁便于预制柱和叠合楼板连接,整体性较强,应用十分广泛,如图 1 – 18 所示。

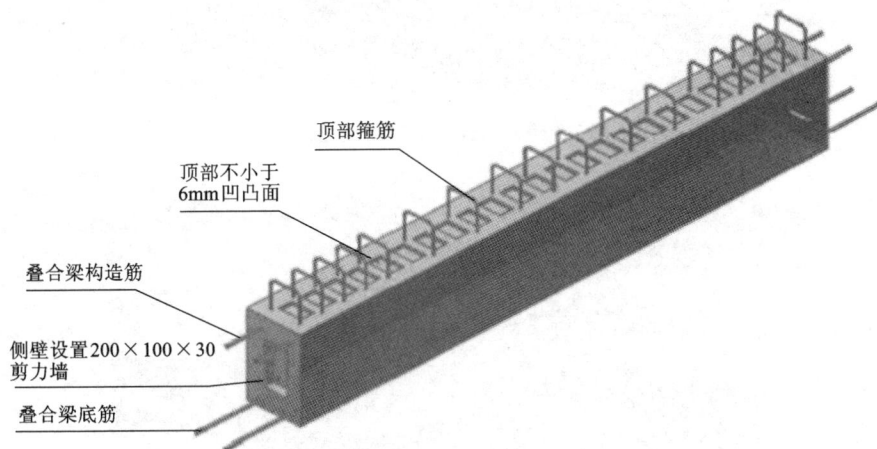

顶部箍筋

顶部不小于
6mm凹凸面

叠合梁构造筋

侧壁设置200×100×30
剪力墙

叠合梁底筋

图 1 – 18 预制叠合梁

2.10 预制混凝土楼板

预制混凝土楼板按照制作工艺的不同可分为预制混凝土叠合板、预制混凝土实心板、预制混凝土空心板和预制混凝土双 T 板等。

(1)桁架钢筋混凝土叠合板。

桁架钢筋混凝土叠合板属于半预制构件,下部为预制混凝土板,外露部分为桁架钢筋。预制混凝土叠合板的预制部分厚度通常为 60 mm,叠合楼板在施工现场安装到位后要进行二次浇筑,从而成为整体实心,如图 1 – 19 所示。

(2)PK 预应力带肋混凝土叠合板。

PK 预应力带肋混凝土叠合板是国际上最薄、最轻的叠合板,用钢量省,承载力强,抗裂性好,新老混凝土结合好,可形成双向板,如图 1 – 20 所示。

(3)预制混凝土双 T 板。

预制混凝土双 T 板是板、梁结合的承载构件,由宽大的面板和两根窄而高的肋组成,肋中通常设预应力钢筋。其面板既是横向承重结构,又是纵向承重肋的受压区,如图 1 – 21 所示。

(4)预应力混凝土空心板。

预应力混凝土空心板是一种混凝土预应力结构构件,具有环保、节能、隔声、抗震、阻燃等特点。预应力混凝土空心板延性好,临破坏前有较大挠度,可不设现浇面层,如图 1 – 22 所示。

图 1 - 19   桁架钢筋混凝土叠合板

图 1 - 20   PK 预应力带肋混凝土叠合板

图 1 - 21   预制混凝土双 T 板

图 1 - 22   预应力混凝土空心板

2.11　预制混凝土楼梯

预制混凝土楼梯外观美观，又能避免在现场支模，减少现场作业，从而节约工期。预制简支楼梯受力明确，抗震性能好，安装后亦可作施工通道，解决垂直运输问题，保证了逃生通道的安全。可分为双跑楼梯、剪刀楼梯，如图 1 - 23 所示。

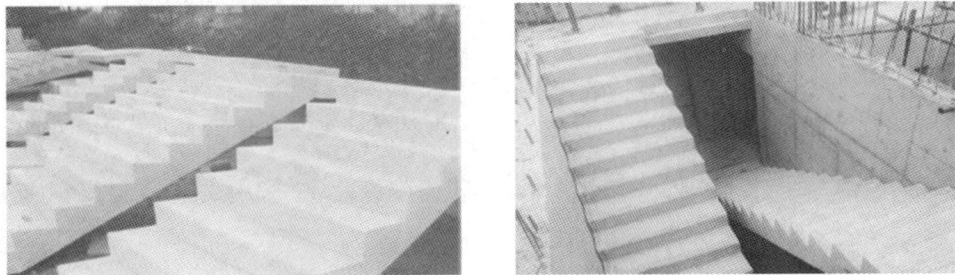

图 1 - 23　预制混凝土楼梯

2.12　预制混凝土阳台

预制混凝土阳台通常包括预制实心阳台和预制叠合阳台。预制阳台板能够克服现浇阳台的缺点，避免阳台支模复杂、现场高空作业费时费力的问题，如图 1 - 24 所示。

图 1 - 24　预制混凝土阳台

2.13　轻质内隔墙板

轻质内隔墙板为挤压成型墙板，也称预制条形内墙板，是在预制工厂使用挤压成型机将轻质材料、搅拌均匀的料浆注入模板（模腔）而成型的墙板。按断面不同分为空心板、实心板两类，如图1-25所示。

图1-25 轻质内隔墙板

2.14 纤维石膏空心大板复合墙体

纤维石膏空心大板复合墙体具有良好的隔声、节能等性能，适用于抗震烈度不大于8度、设计基本地震加速度不大于0.2 g 的地区，可用于多种建筑结构形式，替代传统施工工艺的内墙，如图1-26所示。

图1-26 纤维石膏空心大板复合墙体

18

项目三
装配式建筑技术发展及主流体系

【项目工作页】

姓名		学号		班级		日期	
小组成员							
学习领域	装配式建筑技术体系			学业评分			
学习情境	了解各体系特色			教学课时			
指导老师				主要设备			
项目内容							
项目任务描述							
项目学习参考资源							

3.1 装配式建筑发展历程

20世纪50年代,新中国为了经济建设发展,首先向苏联学习工业厂房的标准化设计和预制建设技术,大量的重工业厂房多数是采用预制装配的方式进行建设的,预制混凝土排架结构发展得很好,预制柱、预制薄腹梁、预应力折线型屋架、鱼腹式吊车梁、预制预应力大型屋面板、预制外墙挂板被大量采用,甚至杯口基础也采用预制构件,从而使房屋预制构件产业上升到一个很高的水平。在国家钢材和水泥严重紧缺的情况下,预制技术为国家的工业发展做出了应有的贡献。

20世纪60年代末70年代初,随着中小预应力构件的发展,城乡出现了大批预制件厂。用于民用建筑的空心板、平板、檩条、挂瓦板,用于工业建筑的屋面板、F形板、槽形板以及工业与民用建筑均可采用的V形折板、马鞍形板等成为这些构件厂的主要产品,预制件行业开始形成。

20世纪80年代,国家发展重心从生产逐渐向生活过渡,城市住宅的建设需求量不断加大,为了实现快速建设供应,我国借鉴苏联和欧洲预制装配式住宅的经验,开始了装配式混凝土大板房的建设。

1999年开始原建设部实施国家康居住宅示范工程,鼓励在示范工程中采用先进适用的成套技术和新产品、新材料,引导并促进住宅的全面更新换代。2004年政府提出了发展节能省地型住宅的要求,即"五节一环保",并在《住宅建筑规范》(GB 50368—2005)、《住宅性能评定技术标准》中做了具体详细的要求。

进入21世纪,我国的经济水平和科技实力不断加强,各行各业的产业化程度不断提高,建筑房地产业得到长足发展,材料水平和装备水平足以支撑建筑生产方式的变革,我国的住宅产业化进入了一个新的发展时期。随着新编制的《装配式混凝土结构技术规程》(JGJ 1—2014)的生效,我国建筑产业化发展开始重新起步,掀起又一次建筑工业化高潮。

3.2 装配式建筑的发展现状

自20世纪90年代以来,由于我国建筑业一直以现浇施工为主,预制装配式建筑案例较少,因此熟悉预制构件的技术和管理人才较少。同时,生产预制构件所需要模具、设备、配件产品匮乏,难以支撑建筑产业化发展的需要。这成为制约我国建筑产业化发展的主要因素。

经过十多年的积累和发展,已经涌现了一批专门从事装配式建筑研究的企业,可以为开发商、设计单位、构件厂、施工单位提供技术和产品支持,其中较为成熟的技术和产品有灌浆套筒钢筋连接技术、夹心三明治保温墙板技术、预制构件专用预埋件产品等,缩短了与发达国家之间的技术差距,如图1-27所示。

目前,我国众多的装配式结构体系中,主要以装配式混凝土结构为主,其次为钢结构住宅。其中,预制装配式混凝土结构住宅又以剪力墙结构和框架结构为主要代表。

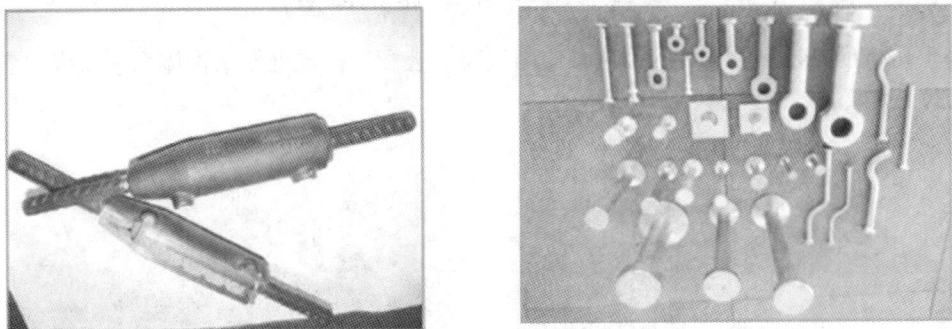

图 1-27 灌浆套筒、吊钉

3.3 装配式建筑现行主流体系

随着北京、上海、深圳、济南、沈阳等城市对装配式建筑的推进，带动了多地的装配式建筑发展，众多企业纷纷启动装配式建筑试点项目，研发了多种新型结构体系和技术路线，形成了"百花齐放、百家争鸣"的良好发展态势。

目前，我国众多的装配式建筑结构体系中，主要以装配式混凝土结构为主，其次为钢结构住宅。其中预制装配式混凝土结构住宅又以剪力墙结构和框架结构为主要代表。

下面主要介绍国内部分装配式建筑企业概况，如图 1-28 所示。

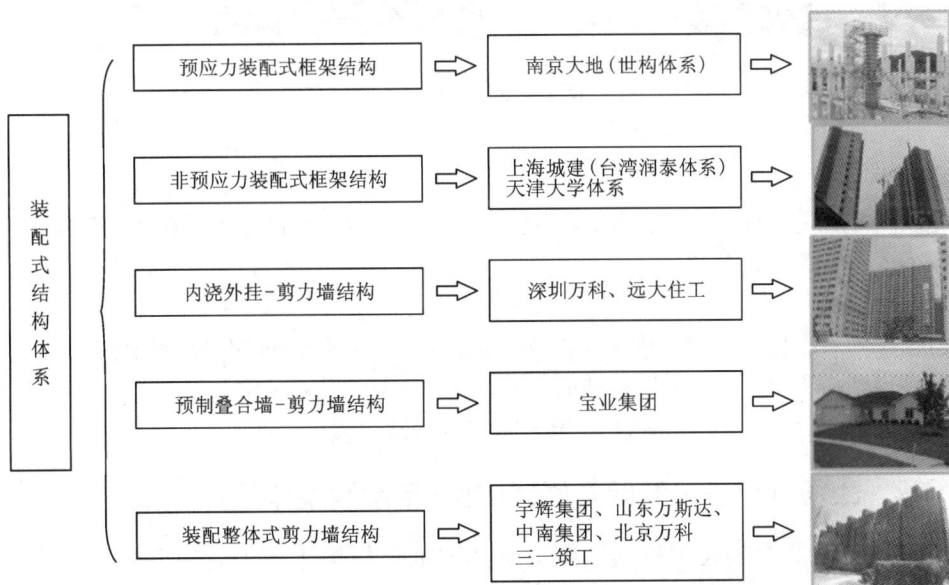

图 1-28 装配式建筑结构体系

3.3.1 南京大地——装配式框架结构(世构体系)

基于套筒预灌浆连接技术的预制预应力混凝土装配整体式框架结构体系+预应力混凝土叠合板体系如图1-29、图1-30所示。

图1-29 预制柱、叠合板现场施工照片

图1-30 节点连接

适用范围:

世构体系(装配式框架结构)最大适用抗震设防烈度≤7度的地区;预应力叠合楼盖板适用抗震设防烈度≤8度的地区。

特征:

(1)预应力叠合楼盖起拱高度无法准确控制,完工后可能出现明显拼装裂缝;

(2)采用预应力梁、板减少构件截面面积,减少钢筋、混凝土用量;

(3)采用节段柱(两三层柱预制),大大缩短主体结构施工工期。

3.3.2 上海城建——装配式框架结构(台湾润泰体系)

基于多螺旋箍筋配筋技术的预制装配整体式框架结构体系+混凝土叠合板体系如图1-31所示。

核心技术:

预制多螺旋箍筋柱、套筒式钢筋连接器及超高早强无收缩水泥砂浆、预制隔震工法开发

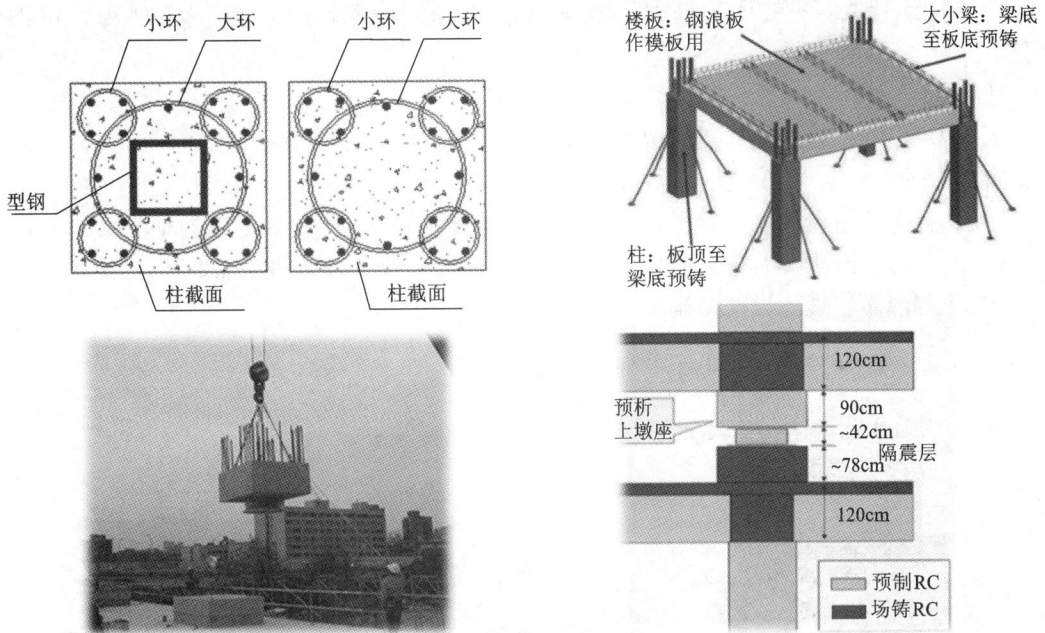

图 1 – 31　多螺旋箍筋配筋技术

及预制外墙面饰效果技术开发。

适用范围：

台湾润泰体系(装配式框架结构)最大适用抗震设防烈度≤7 度的地区。

特征：

(1)构件生产阶段采用螺旋箍筋，减少工厂箍筋绑扎量，相对提高工厂构件生产周期；

(2)利用预制梁、板、柱减少现场模板用量及周转架料用量；

(3)该体系成本较现浇框架高，工程质量更易控制，构件外观、耐久性好。

3.3.3　约束混凝土柱装配式框架结构(天津大学体系)

基于外包钢管连接技术的约束混凝土柱装配整体式框架结构体系＋预制预应力混凝土空心板体系如图 1 – 32 所示。

图 1 – 32　约束混凝土柱装配式框架结构

技术特点：

约束混凝土柱装配整体式框架结构梁用钢梁，楼板用预制空心楼板，柱用外包钢管连接。

适用范围：

天津大学体系（装配式框架结构）最大适用抗震设防烈度≤8度的地区；

特征：

（1）构件生产阶段预制混凝土柱与钢节点拼装增大了构件生产和运输的难度及成本；

（2）施工现场减少梁、柱连接节点的湿作业，使连接节点处结构性能更好；

（3）工程成本较现浇框架结构增加。

3.3.4 深圳万科——内浇外挂结构

PC外墙内浇外挂结构体系如图1-33所示。

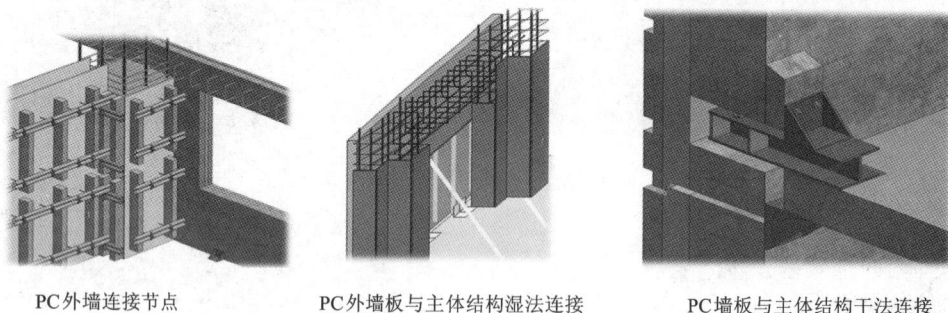

PC外墙连接节点　　　　PC外墙板与主体结构湿法连接　　　　PC墙板与主体结构干法连接

图1-33 PC外墙内浇外挂结构

技术特点：预制外墙板通过干法或湿法连接，与现浇结构结合，并配合大钢模等作为现浇结构的模板。

适用范围：深圳万科内浇外挂体系（装配剪力墙结构）最大适用抗震设防烈度≤8度的地区。

特征：

（1）预制构件作为含外装饰的剪力墙外侧模板出现；

（2）施工现场减少外立面装饰施工，结构性能同现浇，预制率低；

（3）施工难度大、工程成本较现浇结构高。

3.3.5 远大住工——内浇外挂结构

PC外墙内浇外挂结构体系如图1-34所示。

技术特点：

与深圳万科内浇外挂体系不同的是，远大不仅在外墙上使用，在内墙上也应用该预制体系。

图 1 - 34　PC 内、外墙内浇外挂结构

3.3.6　宝业集团——预制叠合墙 - 剪力墙结构(宝业集团体系)

预制叠合墙结构体系 + 混凝土叠合板体系如图 1 - 35 所示。

图 1 - 35　预制叠合墙结构

技术特点:

预制墙板由两层厚度大于 50 mm 的预制板和结构梁钢筋制作而成,在两层板中间浇筑混凝土,共同承受竖向荷载和水平荷载,在受力复杂和施工复杂部分,用现浇混凝土代替。叠合楼板安装时,叠合层可以作为模板,辅以配套支撑,设置与竖向构件的连接钢筋和必要的受力钢筋以及构造钢筋,再浇筑混凝土叠合层,与预制板共同受力。

适用范围:

预制叠合墙 - 剪力墙结构最大适用抗震设防烈度≤7 度的地区叠合板式混凝土剪力墙结构,房屋高度不超过 60 m,层数在 18 层以内的多层、高层住宅设计与施工。

特征:

采用预制混凝土作为现浇模壳,经济性较差,但防水效果好,用于地下结构施工时可快速回填,缩短地下结构工期。

3.3.7　中南集团——装配整体式剪力墙结构(NPC 体系)

基于预埋金属波纹管浆锚连接技术的装配整体式剪力墙结构 + 叠合楼盖体系如图 1 - 36 所示。

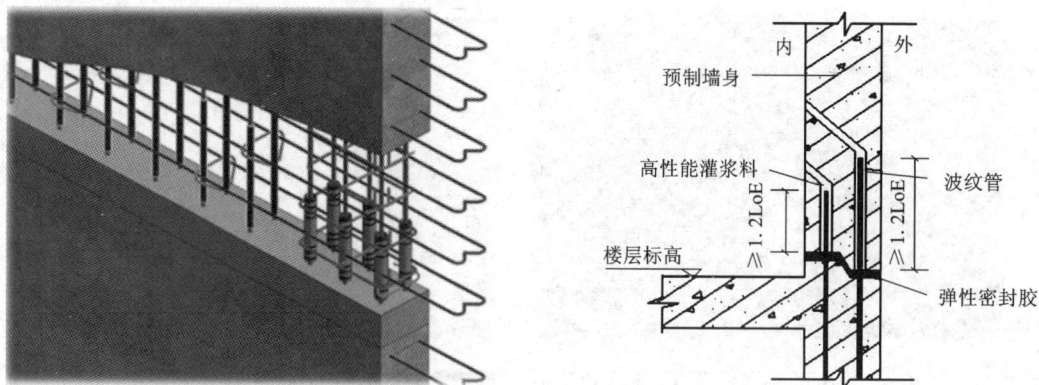

图 1 – 36　NPC 体系

技术特点：钢筋浆锚搭接连接技术，即下层预制构件的竖向钢筋通过插入上层预制构件预埋的金属波管内，并通过在金属波纹管内灌注高强无收缩灌浆料形成锚固，达到上下层竖向钢筋之间的搭接。

适用范围：

NPC 体系（装配整体式剪力墙结构）采用金属波纹管时，最大适用抗震设防烈度≤7 度的地区；采用金属波纹管和灌浆套筒混合使用时，最大适用抗震设防烈度≤8 度的地区。

特征：

（1）预制墙板：边缘构件双排注浆钢套筒＋分布钢筋双排配筋、单排浆锚连接，该构造解决了抗震设防烈度 8 度区的适用局限，但该构造对构件生产带来一定难度；

（2）采用预制墙板、预制叠合板、预制楼梯等构件，工程施工质量可以得到控制，工程成本较现浇剪力墙结构高。

3.3.8　宇辉集团——装配整体式剪力墙结构（宇辉体系）

基于螺旋箍筋约束浆锚连接技术的装配整体式剪力墙结构＋叠合楼盖体系如图 1 – 37 所示。

宇辉体系竖向构件连接节点图

图 1 – 37　装配整体式剪力墙结构

26

技术特点：

该体系省去了连接接头的金属灌浆套筒，改为钢筋搭接后在预留混凝土空腔内灌注高强灌浆料。竖向连接采用预留孔式浆锚连接方式，配置了螺旋箍筋；水平连接方式采用钢筋插销方式和叠合楼板、梁节点的现浇方式。

适用范围：

宇辉体系（装配整体式剪力墙结构）最大适用抗震设防烈度≤7度的地区（采用金属波纹管+螺旋箍约束浆锚钢筋搭接）。

特征：

（1）预制墙板：边缘构件螺旋箍约束浆锚钢筋搭接+分布钢筋金属波纹管浆锚钢筋搭接，该构造较采用灌浆套筒成本降低很多，但仅限于抗震设防烈度7度区适用；

（2）采用预制墙板、预制叠合板、预制楼梯等构件，工程施工质量可以得到控制，工程成本较现浇剪力墙结构高。

3.3.9　山东万斯达——装配整体式剪力墙结构

基于套筒灌浆连接技术的装配整体式剪力墙结构+PK叠合板体系如图1-38所示。

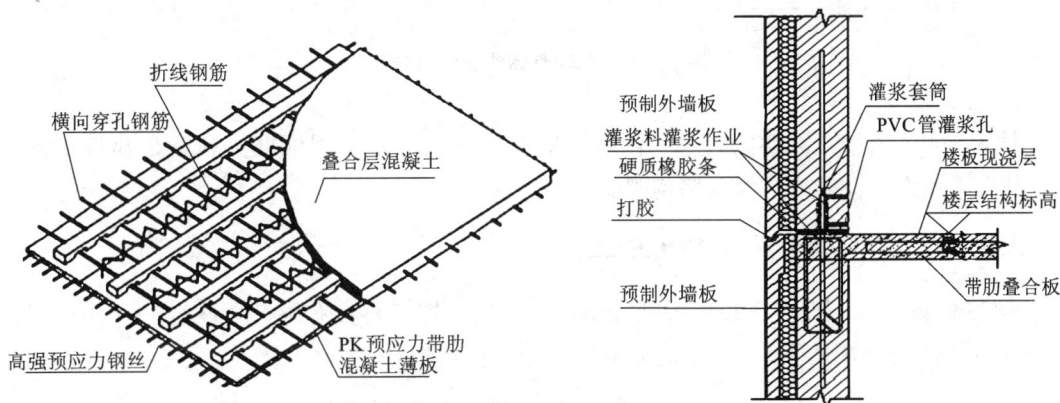

图1-38　装配整体式剪力墙结构

技术特点：以倒"T"形预应力混凝土预制带肋薄板为底板，肋上预留椭圆形孔，孔内穿置横向非预应力受力钢筋，再浇筑叠合层混凝土，从而形成整体双向受力楼板。

适用范围：

山东万斯达装配整体式剪力墙结构适用于非抗震区和抗震设防烈度为6至8度的民用建筑（采用灌浆套筒）。

特征：

（1）PK叠合板：与传统平薄板预制构件相比，具有质量轻、刚度大、承载能力高、抗裂性能好等特点，综合经济效益较高，比现浇楼盖节省1/3以上工期。

（2）采用预制墙板、预制叠合板、预制楼梯等构件，工程施工质量可以得到控制，工程成本较现浇剪力墙结构高。

（3）套筒灌浆操作作为竖向钢筋上下墙板连接，灌浆套筒成本较高，可适用于抗震设防烈度8度区。

3.3.10 北京万科——装配整体式剪力墙结构

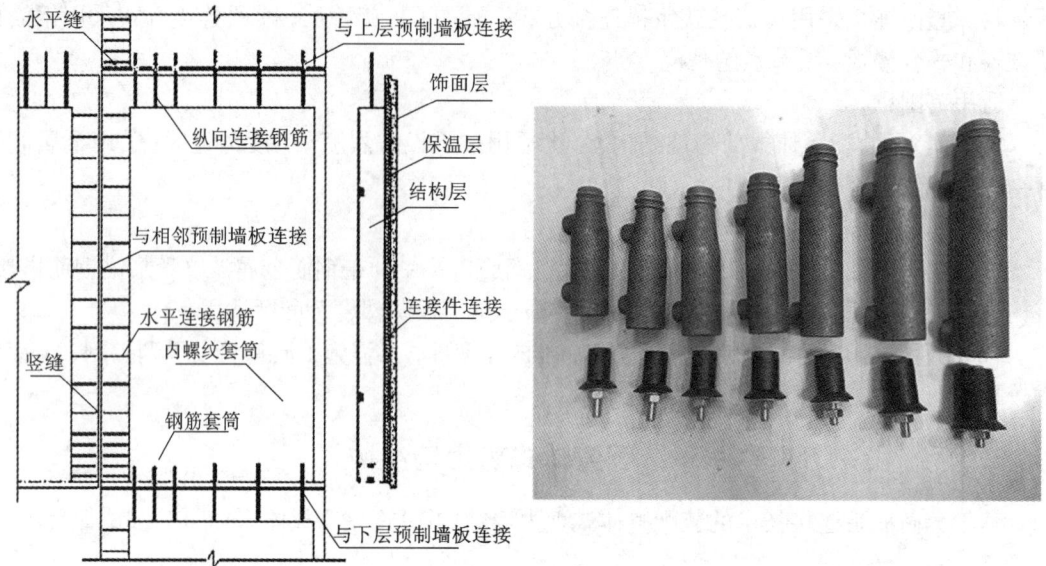

图 1-39 装配整体式剪力墙结构

技术特点：通过模数化的设计、合理的构件划分来尽量实现标准化和满足建筑功能需求，并采用节点现浇的方式保证结构刚度和整体性。

3.3.11 三一筑工——SPCS 体系

SPCS 体系是三一混凝土装配式结构体系，由三一筑工科技有限公司联合三一快而居住宅工业有限公司、中国建筑科学研究院有限公司共同研发。

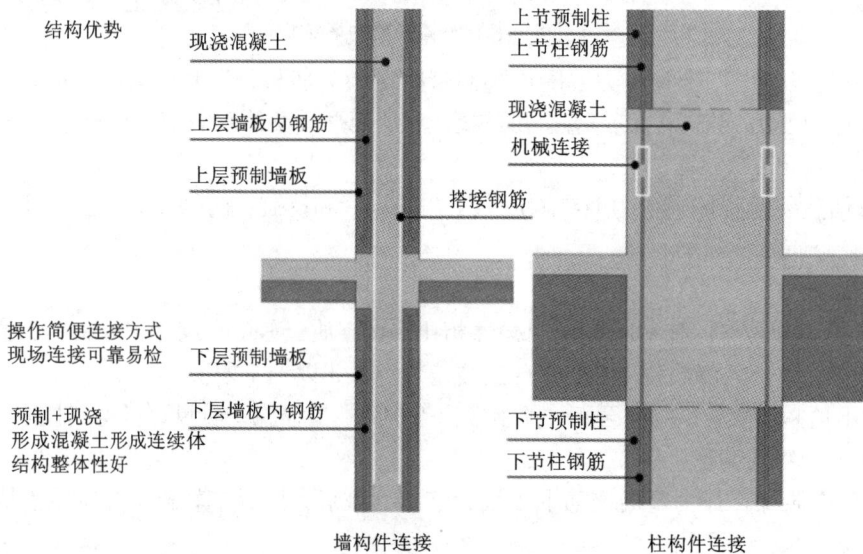

图 1-40 SPCS 体系

　　SPCS 体系技术特点：该体系具有"空腔＋连接体＋现浇"的特点，S 构件（空腔构件）和钢筋笼连接体都由数字化工厂高效生产、施工现场装配、空腔整体现浇成为一体，真正达到了传统现浇安全可靠与智能制造效率的完美结合，实现了建筑主体结构更好、更快、更便宜的目标。

模块二

装配式建筑施工组织管理

项目四
装配式建筑现场平面布置

【项目工作页】

姓名		学号		班级		日期	

小组成员	

学习领域	PC 吊装施工技术	学业评分	
学习情境	现场平面布置	教学课时	
指导老师		主要设备	

项目内容	1.施工总平面图的设计内容 2.施工平面设计步骤 3.吊装设备及选型 4.PC 构件运输道路的规划 5.PC 预制构件堆放
项目任务描述	学习人员根据装配式建筑项目施工现场管理的相关内容，结合指导老师的指导和讲授，学习建筑工程施工现场平面布置的基本知识，掌握施工现场平面布置内容、施工现场平面布置图的编制步骤、施工平面布置时应考虑的因素
项目学习参考资源	

4.1 平面布置

施工现场平面布置是指在施工用地范围内,对各项生产、生活设施及其他辅助设施等进行规划和布置。

施工现场平面布置图一般要根据施工阶段来编制。如基础阶段施工现场平面布置图、主体结构阶段施工现场平面布置图、装修工程阶段施工现场平面布置图等,如图2-1所示。

4.1.1 施工总平面图的设计内容

(1)装配整体式混凝土结构项目施工用地范围内的地形情况;

(2)全部拟建建筑物和其他基础设施的位置;

(3)项目施工用地范围内的构件堆放区、运输构件车辆装卸点、运输设施;

(4)供电、供水、供热设施与线路,排水排污设施、临时施工道路;

(5)办公用房和生活用房;

(6)施工现场机械设备布置图;

(7)现场加工区域;

(8)必备安全、消防、保卫和环保设施;

(9)相邻的地上、地下既有建筑物及相关环境。

4.1.2 施工平面设计步骤

(1)确定起重设备的数量及其位置;

(2)布置运输道路;

(3)布置材料,确定构件堆场、仓库、加工场地的位置;

(4)布置行政管理、文化、生活福利用临时房屋;

(5)布置临时水电管线;

(6)主要技术与经济指标。`

4.1.3 吊装设备及选型

装配式混凝土建筑的构件吊装具有构件重、数量多、接头复杂、安装精度要求高等特点。项目施工主要围绕预制构件的吊装展开。因此,吊装设备型号、数量、位置将直接影响到整个装配式混凝土建筑施工技术项目的工期以及PC构件的拆分设计。

1.汽车吊:汽车吊的优点是机动性好,转移迅速;缺点是工作时须支腿,不能负荷行驶,也不适合在松软或泥泞的场地上工作。适用于建筑单体面积较小的多层建筑,如图2-2所示。

选择汽车吊需综合考虑以下因素。

(1)根据项目预制构件的重量及总平面图初步确定汽车吊所在位置,然后根据汽车吊参数来确定汽车吊型号,优先选择满足施工要求且较小的汽车吊型号。

(2)汽车吊的布置位置还需满足汽车吊的尺寸及支腿纵、横向跨距范围要求。

(3)对汽车吊的起吊停靠位置的地面进行夯实硬化处理,满足承载力要求。

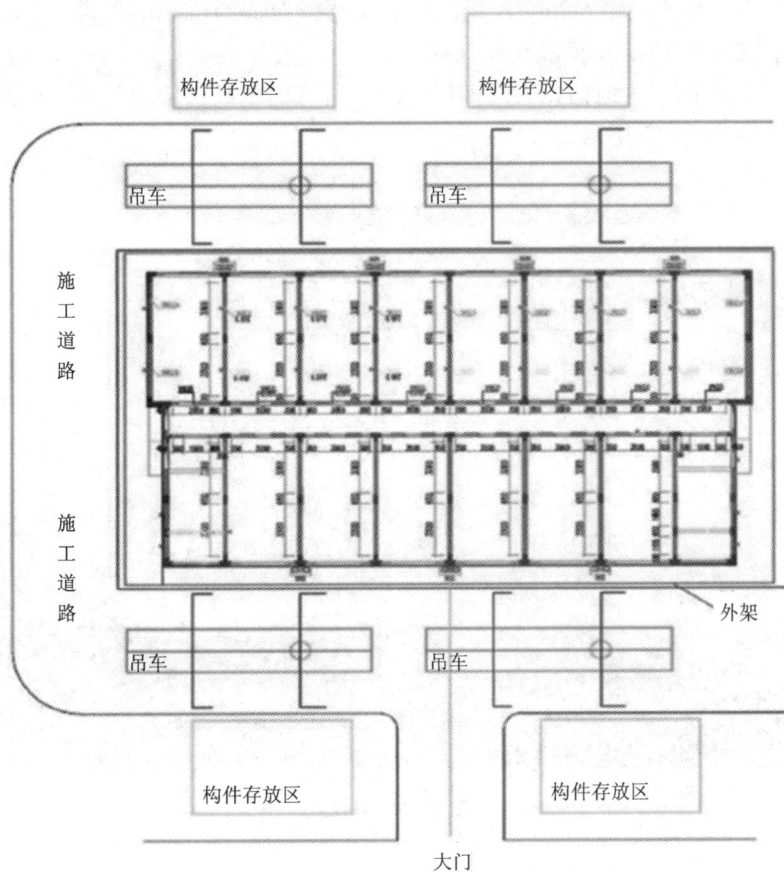

图 2 - 1 现场施工平面图

图 2 - 2 三一汽车吊

（4）根据汽车吊起重高度及吊装距离的起重量选择合适的汽车吊型号，应注意汽车吊是否带配重，不同配重的情况下起重量有所不同。

2.塔吊：塔吊适用于占地面积大的多层建筑及所有的中高层以上建筑，是被优先选作构件的起重设备，如图2-3所示。

图2-3　塔吊

选择塔吊需综合考虑以下因素：

（1）根据项目预制构件的重量及总平面图初步确定塔吊所在位置。根据塔吊参数，以5 m 为一个梯段找出最重构件的位置，以此来确定塔吊型号，优先选择满足施工要求且较小的塔吊型号。

（2）平面中塔吊附着方向与塔身所形成的角度一般为30°~60°，附着所在剪力墙的宽度不得小于埋件宽度，长度需满足要求。

（3）塔吊基础参照设备厂家资料，不满足地基承载力要求时应对地基进行处理。

（4）塔吊所在位置应满足塔吊拆卸要求，即塔臂平行于建筑物外边缘，且两者之间净距离不小于1.5 m；塔吊拆卸时前后臂正下方不得有障碍物。

（5）钢扁担吊具的重量约为500 kg，起重时应考虑该重量。

（6）塔吊之间间距以及距已有建筑物、高压电线等的安全距离需满足《塔式起重机安全规程》（GB 5144—2006）中的有关规定：

①塔机的尾部与周围建筑物及其外围施工设施之间的安全距离不小于0.6 m。

②有架空输电线的场合，塔机的任何部位与输电线的安全距离应符合规定要求。如因条件限制不能保证安全距离，应与有关部门协商，并采取安全防护措施方可架设。

③两台塔机之间的最小架设距离应保证处于低位塔机的起重臂端部与另一台塔机的塔身之间至少有2 m的距离；处于高位塔机最低位置的部件（吊钩升至最高点或平衡重的最低部位）与处于低位塔机最高位置的部件之间的垂直距离不应小于2 m。

36

4.1.4 PC 构件运输道路的规划

由于装配式混凝土建筑的 PC 构件需要从工厂运输到现场,平面布置必须考虑运输车的重量、尺寸大小,合理规划运输道路,如图 2-4 所示。

(1)施工道路宜结合永久道路布置,车载重量应参照运输车辆最大载重量,车重+构件约为 50t,道路承载力需满足载重量要求,构件运输车行驶道路一般采用混凝土硬化处理或根据现场实际情况,铺设钢板或路基箱,道路两侧应有排水构造设施。

(2)施工道路宜设置成环形道路。根据 PC 构件运输车长,现场布置道路时设计宽度不宜小于 4 m,会车区道路不宜小于 8 m,转弯半径不宜小于 15 m。

(3)当没有条件设置环形道路时,需设置不小于 12 m×8 m 的回车场。

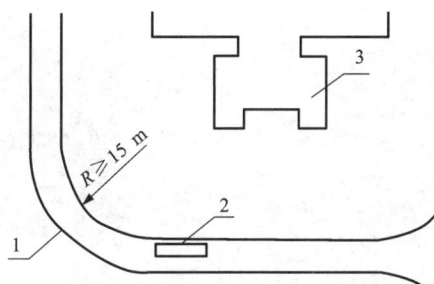

图 2-4 施工道路转弯半径
1—转弯道路;2—构件运输车;3—建筑物

(4)施工现场 PC 构件运输道路坡度布置宜满足:施工现场道路坡度<15°。

4.1.5 PC 构件施工现场的堆放原则

(1)先用靠外,后用靠内,分类依次并列放置;
(2)分类存放且标识清晰;
(3)不同类型构件间预留人行通道;
(4)构件与刚性搁置点之间应设置柔性垫片;
(5)采取合理的防潮、防雨、防边角损伤措施。

PC 构件的堆场是否合理,直接影响吊装效率及吊装质量。PC 构件堆场的大小根据项目实际情况确定,当施工场地宽裕时,宜在构件堆场预存一层 PC 构件,以便应对突发情况;当施工场地受限时,应提前一天将第二天需要吊装的 PC 构件运抵构件堆场堆放。

PC 构件的堆场应设置在起重设备工作范围内,不得有障碍物,并应有满足预制构件周转使用的场地。如构件堆场设置在地库顶板上时,须核算地库顶板的荷载。

4.1.6 PC 预制构件堆放

预制墙板一般竖向放置,采用专用支架对称插放或靠背存放。预制板类构件一般采用叠放方式进行存放,叠放高度一般不超过 6 层。梁、柱等构件宜水平堆放,构件垫高不低于 100 mm,如图 2-5 所示。

图 2 - 5　堆场堆放

项目五
装配式建筑人力资源管理

【项目工作页】

姓名		学号		班级		日期	
小组成员							
学习领域	PC 吊装施工技术			学业评分			
学习情境	人力资源管理			教学课时			
指导老师				主要设备			
项目内容	1.施工管理组织架构 2.墙板、梁柱吊装人员配置 3.柱(边缘构件)施工人员配置 4.叠合楼板吊装人员配置 5.叠合楼板施工人员配置						
项目任务描述	学习人员根据人力资源管理,结合指导老师的指导和讲授,学习施工管理组织架构、管理人员和技术人员的岗位要求,掌握各岗位标准和操作规程,以小组或独立的方式作业,完成本项目各岗位的职责和工作流程,最终完全掌握人力资源管理知识						
项目学习参考资源							

5.1 施工现场劳动力资源管理

施工现场项目部应根据装配整体式混凝土结构工程的特点和施工进度计划要求，编制劳动力资源需求的使用计划，经项目经理批准后执行。

应对项目劳动力资源进行劳动力动态平衡与成本管理，实现装配整体式混凝土结构工程劳动力资源的精干高效，对于使用作业班组或专项劳务队人员应制订有针对性的管理措施。

5.1.1 作业班组或劳务队管理

（1）按照深化的设计图纸向作业班组或劳务队进行设计交底，按照专项施工方案向作业班组或劳务队进行施工总体安排交底，按照质量验收规范和专项操作规程向作业班组或劳务队进行施工工序和质量交底，按照国家和地方的安全制度规定、安全管理规范和安全检查标准向作业班组或劳务队进行安全施工交底。

（2）组织作业班组或劳务队施工人员科学合理地完成施工任务。

（3）在施工中随时检查每道工序的施工质量，发现不符合验收标准的工序应及时纠正。

（4）在施工中加强对于每一位操作人员之间的协调，加强对于每道工序之间的协调管理，随时消除工序衔接不良问题，避免人员窝工。

（5）随时检查施工人员是否按照规定安全生产，消灭影响安全的隐患。

（6）对专项施工所用的材料应加强管理，特别是坐浆料、灌浆料的使用应控制好，努力降低材料消耗，对于竖向独立钢支撑和斜向钢支撑应仔细使用，轻拿轻放，保证周转使用次数足够长久。

（7）加强作业班组或劳务队经济核算，有条件的分项应实行分项工程一次包死，制订奖励与处罚相结合的经济政策。

（8）按时发放工人工资和必要的福利与劳保用品。

5.1.2 PC 施工管理组织架构

一个完整的装配式混凝土建筑项目应配备项目经理、技术总工、吊装指挥、质量总监，下辖起重工、信号工、技术工人、塔吊司机、测量工、安装工、临时支护工、灌浆料制备工、灌浆工、修补人员。其组织架构见图 2-6。

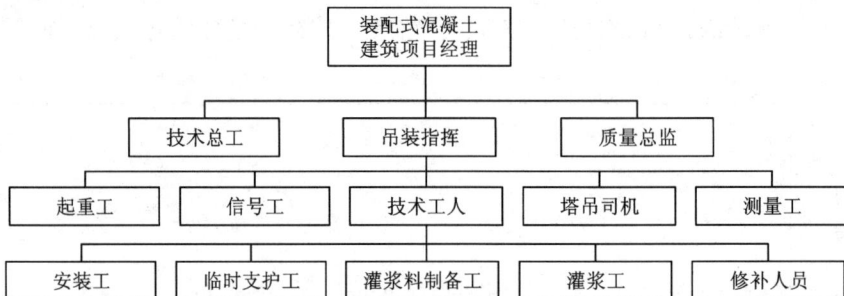

图 2-6 PC 施工管理组织架构

5.1.3 吊装作业劳动力组织管理图

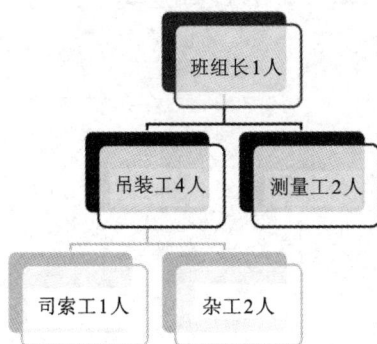

图 2 - 7 PC 吊装作业劳动力组织管理图

5.1.4 各工序人员安排计划表

表 2 - 1 PC 施工各工序人员安排计划表

工种级别	按工程施工阶段投入劳动力情况			
	墙板、梁柱吊装	柱(边缘构件)施工	叠合楼板吊装	叠合楼板施工
管道工	—	—	2	4
电 工	1	1	1	1
焊 工	1	2	1	2
起重工	2	2	2	2
钢筋工	—	6	—	6
砼 工	—	6	—	6
测量工	2	2	2	2
吊装工	4	—	4	—
信号工	1		1	
木 工	2		2	
灌浆工	2			
架子工	2	2	2	2

项目六
装配式建筑工程材料管理

【项目工作页】

姓名		学号		班级		日期	
小组成员							
学习领域	PC 吊装施工技术			学业评分			
学习情境	工程材料管理			教学课时			
指导老师				主要设备			
项目内容	1. 装配式混凝土工程施工材料准备 2. 材料采购依据与流程 3. 材料验收 4. 材料保管						
项目任务描述	学习人员根据工程材料管理相关知识，结合指导老师的指导和讲授，学习装配式混凝土工程施工材料准备、材料采购依据、材料验收、材料保管方法及注意事项，以小组或独立的方式工作，掌握工程材料的方法和流程，最终完全掌握工程材料管理知识						
项目学习 参考资源							

6.1　装配式混凝土工程施工材料计划

（1）根据装配式建筑工程施工图纸的要求，预算确定配套材料与配件的型号、数量，常规使用的主要有以下几种。

①材料：注浆料、坐浆料、钢筋连接套筒、密封胶胶、耐候建筑密封胶、发泡聚氨酯保温材料、防火封堵材料、修补料等；

②配件：橡胶塞、海绵条、双面胶带、各种规格的螺栓、安装节点金属连接件、垫片（包括塑料垫片、钢垫片、混凝土垫片）、模板加固夹具等。

（2）材料与配件的计划。

①根据材料与配件型号及数量，依据施工计划时间以及各施工段的用量制订采购计划；

②根据当地市场情况，确定外地定点采购与当地采购的计划；

③外地定点采购的材料与配件要列出清单，确定生产周期、运输周期，并留出时间余量；

④对于有保质期的材料，要按施工进度计划确定每批采购量；

⑤对于有检测复试要求的材料，必须考虑复试时间与使用时间的相互关系。

表2－2　每层楼构件进场时间计划表

构件类别	序号	构件名称	构件数量	构件进场时间与安装时间																				备注
				14日					15日					16日					17日					
				8点	10点	12点	14点	16点	8点	10点	12点	14点	16点	8点	10点	12点	14点	16点	8点	10点	12点	14点	16点	
外墙构件	1	剪力墙外墙板	16	8	8																			
	2	剪力墙外墙板	6			6																		
	3	阳台板	6				6																	
	4	空调板	6					6																
	5	L型外叶板	2					2																
内墙板	6	剪力墙内墙板	24						8	8	8												
	7	剪力墙内墙板	12									8	4										
	8	连梁	9										3	6									
楼板	9	叠合楼板	24												8	8	8						
	10	叠合楼板	12															6	6				
楼梯板	11	楼梯板	4																		4		
外墙构件	12	剪力墙外墙板	16	8	8																		
	13	剪力墙外墙板	6			6																		
	14	阳台板	6				6																	
	15	空调板	6					6																
	16	L型外叶板	2					2																
内墙板	17	剪力墙内墙板	24						8	8	8												
	18	剪力墙内墙板	12									8	4										
	19	连梁	9										3	6									
楼板	20	叠合楼板	24												8	8	8						
	21	叠合楼板	12															6	6				
楼梯板	22	楼梯板	4																		4		

6.2 材料采购依据与流程

6.2.1 材料采购依据

（1）材料与配件计划。
（2）设计图样要求。
（3）工程合同约定和甲方要求。

6.2.2 材料采购流程

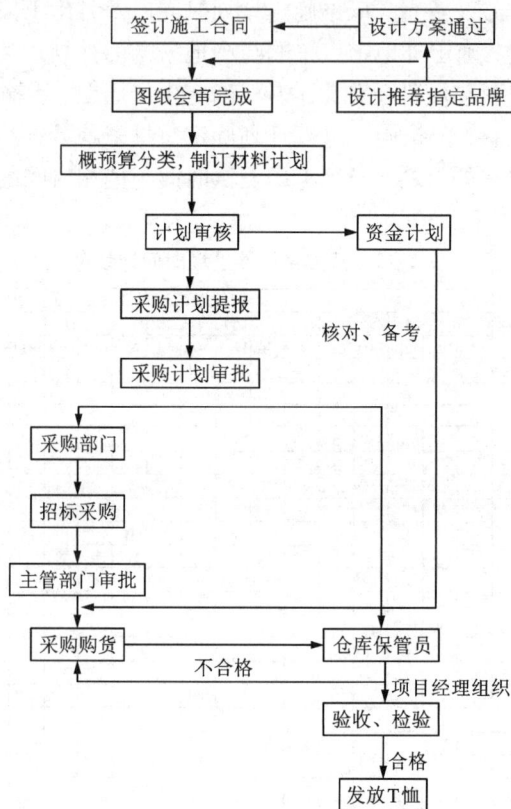

图 2-8　材料采购流程

6.3 材料验收

　　装配式建筑工程使用的部件与材料是否符合设计要求、质量是否合格，是工程质量能否合格的决定性因素，应该予以足够重视。因此，材料进场验收环节就显得非常关键。部件与材料进场必须进行进场检验，包括数量、规格、型号检验，合格证、化验单等手续和外观检验。

装配式建筑工程施工除了预制构件外，其他专用的材料和配件包括：坐浆料、灌浆料、灌浆胶塞、灌浆堵缝材料、机械套筒、调整标高螺栓或垫片、临时支撑部件、固定螺栓、安装节点金属连接件、密封胶条、耐候建筑密封胶、发泡聚氨酯保温材料、修补料、防火塞缝材料、清水保护剂等。下面分别讲述这些材料的验收注意事项。

(1)灌浆料的验收。

①型式检验项目为《钢筋连接用套筒灌浆料》(JG/T 408—2013)对套筒灌浆料性能要求的全部项目，包括：初始流动度，30 min 流动度，1d、3d、28d 抗压强度，3 h 竖向自由膨胀率，竖向自由膨胀率24 h 与 3 h 的差值，氯离子含量，泌水率等。

②出厂检验项目应包括：初始流动度、30 min 流动度、3 h 竖向自由膨胀率，竖向自由膨胀率24 h 与 3 h 的差值、泌水率。

③检查数量及检验方法。

按批检验，以每层为一检验批；每工作班应制作 1 组且每层不应少于 3 组 40 mm × 40 mm ×160 mm 的长方体试件，标准养护 28d 后进行抗压强度试验。

(2)坐浆料的验收。

目前关于坐浆料国家标准和行业标准没有规定。因此，选用时应进行试验验证，包括抗压强度和工艺性能试验，试验结果如符合设计要求作为验收依据。

(3)胶塞(用于封堵灌浆孔，如图 2 –9 所示)、将充气式封堵条(图 2 –10)的验收。

以上两种材料属于辅助材料，要满足使用功能，具体验收标准可参照生产厂的企业标准。

图 2 –9　常用灌浆孔封堵胶塞及灌浆孔封堵

图 2 –10　充气式封堵条

(4)钢筋连接机械套筒的验收。

①对照检查材质单；

②检验合格证；

③检验型式检验报告单；

④外形尺寸检验；

⑤钢板、型钢、锚固板的验收。

钢板、型钢的验收应满足以下条件：

①验收应符合国家现行标准《钢结构工程施工质量验收规范》(GB 50205—2001)、现行

行业标准《钢筋焊接及验收规程》(JGJ 18—2012)的有关规定。

②考虑到装配式混凝土结构中钢板或型钢焊接连接的特殊性,很难做到连接试件原位截取,故要求制作平行加工试件。平行加工试件应与实际连接接头的施工环境相似,并宜在工程结构附近进行制作。

锚固板(图2-11)的验收应满足以下条件:

①当锚固板与钢筋采用焊接连接时,锚固板原材料尚应符合现行行业标准《钢筋焊接及验收规程》(JGJ 18—2012)对连接件材料的可焊性要求。

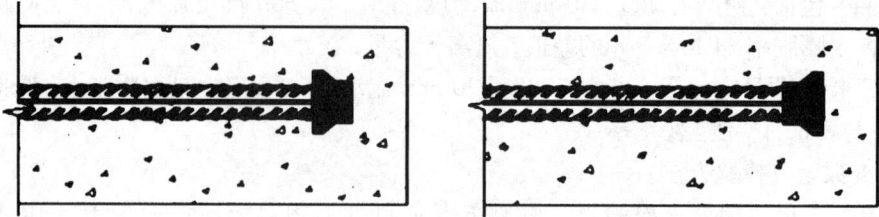

图2-11　钢筋锚固板

②锚固板的验收应符合现行行业标准《钢筋锚固板应用技术规程》(JGJ 256—2011)的规定,见表2-3。

表2-3　原材料力学性能要求

锚固板原材料	牌号	抗拉强度 σ_s /(N·mm^{-2})	屈服强度 σ_b /(N·mm^{-2})	伸长率 δ/%
球墨铸铁	QT450-10	≥450	≥310	≥10
钢板	45	≥600	≥355	16
	Q345	450~630	≥325	≥19
锻钢	45	≥600	≥355	≥16
	Q235	370~500	≥225	≥22
铸钢	ZG230-450	≥450	≥230	≥22
	ZG270-500	≥500	≥270	≥18

6.4　材料保管

装配式混凝土建筑需要的材料较多,应按各种材料的保管标准和条件分别进行认真保管。保管不当会造成材料失效、丢失,发生危险事故等后果,因此要引起足够重视。

通常情况下,材料储存保管都需要注意以下几点。

(1)装配式混凝土建筑施工用部件、材料宜单独保管;

(2)装配式混凝土建筑用部件、材料应在室内库房存放,灌浆料等材料要避免受潮;

(3)装配式混凝土建筑施工用部件、材料应按照有关材料标准的规定保管。

对于预制构件的存放和保管将在后面的项目中介绍，下面分别介绍一下各种部件与材料在保管过程中需要注意的事项。

装配式混凝土施工过程中还需要以下材料：坐浆料、灌浆料、灌浆胶塞、灌浆堵缝材料、机械套筒、调整标高螺栓或垫片、临时支撑部件、固定螺栓、安装节点金属连接件、密封胶条、耐候建筑密封胶、发泡聚氨酯保温材料、修补料、防火塞缝材料、清水保护剂等。这些材料的保管方法见表 2-4~表 2-6。

表 2-4　装配式混凝土建筑施工材料保管方法及注意事项

序号	材料名称	保管方法及注意事项
1	灌浆料	1. 灌浆料的保管应注意防水、防潮、防晒等要求，存放在通风的地方。 2. 底部使用托盘或木方隔垫。有条件的库房可撒生石灰防潮。 3. 气温高于25℃时，灌浆料应储存于通风、干燥、阴凉处，运输过程中应注意避免阳光长时间照射。 4. 灌浆料有效保质期为90天。超出保质期后应进行复检，复检合格仍可使用。灌浆料宜多次少量采购
2	灌浆胶塞、堵缝材料	材料保管参照施工现场原材料保存方法和制度，最好单独、分类存放，方便领用
3	机械套筒	机械套筒的保管执行现场仓库管理规定，注意防潮、防水，避免锈蚀
4	调整标高螺栓或垫片	1. 执行现场仓库管理固定。 2. 螺栓和金属垫片注意防水、防潮。 3. 塑料或混凝土垫块注意避免挤压

表 2-5　装配式混凝土建筑施工材料保管方法及注意事项

序号	材料名称	保管方法及注意事项
1	临时支撑部件	1. 分清型号存放。 2. 注意防水、防潮。 3. 避免其上堆积重物导致支撑变形。 4. 与支撑部件配套使用的零配件做好标识单独存放
2	固定螺栓	1. 按照包装箱上注明的批号、规格分类保管。 2. 室内存放，要有防止生锈、潮湿及沾染脏污等措施。 3. 保管不能超过6个月，超过6个月后使用的要重新进行扭矩系数或紧固轴力试验，试验合格后方可使用[参照《钢结构工程施工质量验收规范》（GB 50205—2001）]
3	密封胶条	注意防火
4	建筑密封胶	1. 防止日晒、雨淋、撞击、挤压。 2. 水乳型产品应采取防冻措施。 3. 产品储存区域应选择干燥、通风、阴凉的场所，温度大于5℃、小于27℃

表 2-6 装配式混凝土建筑施工材料保管方法及注意事项

序号	材料名称	保管方法及注意事项
1	聚氨酯保温材料	1.保温材料的保存注意防水、防潮、防晒等。 2.产品应在保质期内使用。 3.避免挤压。 4.注意防火
2	修补料	1.保温材料的保存注意防水、防晒、防冻。 2.保管应注意防潮要求,存放在通风的地方
3	防火塞缝材料	1.应选用干燥通风的库房存储。 2.按照品种规格分别堆放。 3.避免重压
4	清水保护剂	1.表面保护剂的保管应按照化工原料产品或易燃易爆产品保管。 2.注意防火、防潮、防晒、防冻,应单独隔离存放
5	防锈漆	1.保管时要注意防锈漆的生产时间,防止过期产品。 2.防锈漆应按易燃、易爆化学制品要求保存,注意防火、防晒、防潮等。 3.防锈漆桶一旦破坏,污染较大,应单独存放,避免造成防锈漆桶的损坏

项目七
装配式建筑运输及吊装设备管理

【项目工作页】

姓名		学号		班级		日期	
小组成员							
学习领域	PC 吊装施工技术			学业评分			
学习情境	运输及吊装设备管理			教学课时			
指导老师				主要设备			
项目内容	1. 构件运输装车要点 2. 构件运输场内运输方式和工具的选择 3. 构件运输场外运输方案 4. 吊装设备使用管理制度						
项目任务描述	学习人员根据装配式混凝土构件运输规范要求，结合指导老师的指导和讲授，学习装配式混凝土构件运输装车和固定方法、根据运输范围合理选择场内驳运的方式及工具、构件运输场外运输方案制定依据、吊装设备使用理制度，以小组或独立的方式作业，掌握构件运输的方法和流程，最终完全掌握运输和吊装设备管理知识						
项目学习 参考资源							

7.1 PC 构件运输

应采用预制构件专用运输车或对常规运输车进行改装,降低车辆装载重心高度并设置运输稳定专用固定支架后,运输构件,如图 2 – 12 所示。

图 2 – 12　三一构件运输车

7.2 装车要点

(1)避免超高、超宽;

(2)做好配载平衡;

(3)采取防止构件移动或倾倒的固定措施;

(4)做好保护措施;

(5)支承垫木的位置与存放一致;

(6)对超高、高宽构件应办理准运手续,运输时须在车厢上放置明显的警示灯和警示标志。

图 2 – 13　墙板运输

图 2 – 14　梁运输

图 2 - 15　构件运输车

7.3　构件运输

（1）PC 构件应考虑垂直运输，既可以避免不必要的损坏，同时又能避免后期的施工难度。装车前先安装吊装架，将 PC 构件放置在吊装架子上，然后将 PC 构件和架子采用软隔离固定在一起，保证 PC 构件在运输过程中不出现不必要的损坏。

为确保 PC 构件进入施工现场以及能够在施工现场运输畅通，设置进入现场主大门道路至少宽 8 m，施工现场道路宽 5 m，保证 PC 构件运输车辆能够在主大门道路双向通行，保证在施工现场转弯、直走等方式畅通。

（2）PC 阳台、PC 空调板、PC 楼梯、设备平台采用平放运输，放置时构件底部设置通长木条，并用紧绳与运输车固定。阳台、空调板可叠放运输，叠放块数不得超过 6 块，叠放高度不得超过限高要求；阳台板、楼梯板不得超过 3 块。

（3）运输预制构件时，车启动应慢，车速应均匀，转弯变道时要减速，以防墙板倾覆。

（4）部分运输线路覆盖地下车库，运输车通过地下车库顶板的，在底部用 16 号工字钢对梁底部进行支撑加固，确保地下车库静荷载重量满足 PC 构件运输重量。

7.4　场内运输

场内运输的方式和工具选择如表 2 - 17 所示。

表 2 - 17　场内运输方式和运输工具

运输范围	运输方式	运输工具	备注
生产车间内	直接吊运	行车、起重机	
车间堆场	转运	起重机、塔吊	吊区衔接
堆场较远	转运	摆渡车	

（1）场内运输。

目的：合理组合运输方式，提高运输效率和节约成本，如图 2 – 16 所示。

图 2 – 16　场内运输

（2）场外运输（要求及前期准备）。

预制构件运输应制订运输方案，其内容包括运输时间、运输顺序、存放场地、运输线路、固定要求、存放支垫及成品保护措施等。对于超高、超宽、形状特殊的大型构件的运输应有专门的质量安全保证措施，如图 2 – 17 所示。

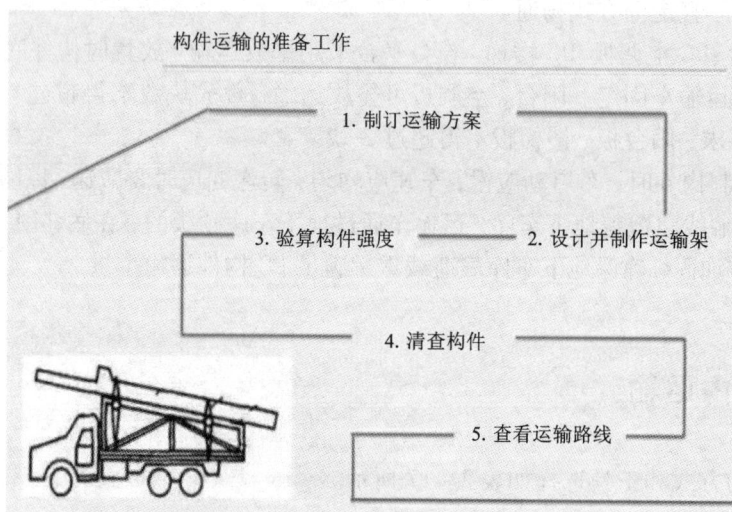

图 2 – 17　场外运输

（3）运输要求。

运输过程是 PC 构件由工厂交施工现场的最后一个环节，直接影响施工现场进度，如图 2 – 18所示。在每个项目开始前由工厂编制运输专项方案。在编制方案前工厂需要对运输线路全程进行踏勘。

踏勘内容：PC 构件车辆运输单程总时间、全程路面状况、限制高度情况、每个弯道情况、坡道情况、全天车流量分布情况等。

①各类构件首车运输时,工厂必须有专人跟车,以发现运输过程中的异常,明确重点管控路段、注意事项。如有改进、调整,应再次确认。

②重载车辆必须按照确定的运输路线行驶,不得随意变更。

③运输途中,行驶里程为30 km左右时,必须停车检查构件捆绑状况,每隔100 km,就停车检查一次,并保留记录及拍照留底。

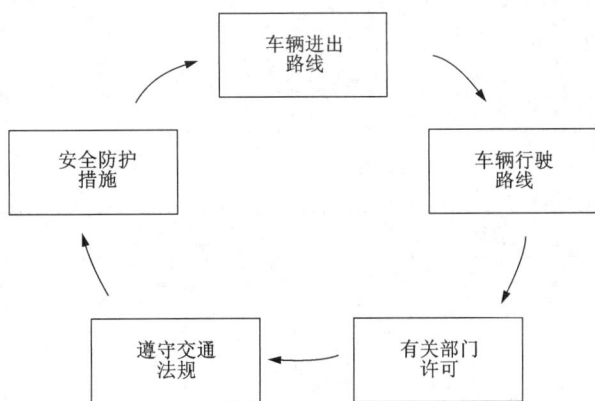

图2-18 运输过程

(4)工厂务必严格监管PC构件运输时的车辆行驶速度。道路条件与相应的行驶速度要求如下:

①大于6%的纵坡道、平曲半径大于60 m的弯道,完好路况限速30 km/h;

②大于6%、小于9%的纵坡道,平曲半径小于60 m、大于15 m的弯道等路域限速5 km/h;

③厂区、9%的纵坡道、平曲半径15 m的弯道、二级路面及项目工地区域限速5 km/h;

④各工厂须于项目发运前,与项目人员确认工地路况达基本发运要求;

⑤低于限速5 km/h及三级路面(土路、碎石路、连续盘山路面、坡度10°路面、有20 cm以下的硬底涉水路面、冰雪覆盖的二级路面)的路况停运。

7.5 吊装设备使用管理

"三定"制度:主要施工机械在使用中实行定人、定机、定岗位职责的制度。

交接班制度:在采用多班制作业、多人操作机械时,应执行交接班制度。

安全交底制度:严格实行安全交底制度。

技术培训制度:通过进场培训和定期的过程培训,使操作人员做到"四懂三会"。

持证制度:施工机械操作人员必须经过技术考核合格并取得操作证后,方可独立操作,严禁无证操作。

项目八
装配式建筑安全文明施工

【项目工作页】

姓名		学号		班级		日期	

小组成员	

学习领域	PC 吊装施工技术	学业评分	
学习情境	安全文明施工	教学课时	
指导老师		主要设备	

项目内容	1. 安全保障体系 2. 安全管理措施 3. 主要安全措施 4. 文明施工要求 5. 施工环境保护要求

项目任务描述	学习人员根据装配式混凝土建筑安全施工要点，结合指导老师的指导和讲授，学习装配式混凝土安全施工标准、吊装作业安全防范、安全操作规程、主要施工环节的安全措施，以小组或独立的方式作业，掌握施工环境保护要求，最终完全掌握装配式混凝土建筑安全文明施工要求

项目学习 参考资源	

8.1 安全保障体系

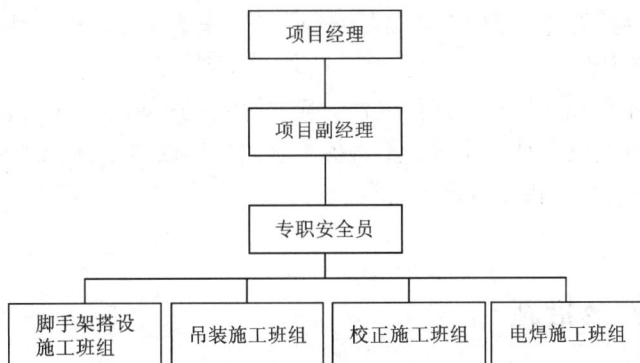

```
项目经理
  │
项目副经理
  │
专职安全员
  │
┌──────┬──────┬──────┬──────┐
脚手架搭设  吊装施工班组  校正施工班组  电焊施工班组
施工班组
```

图 2-20 安全保障体系流程图

8.2 安全管理措施

加强安全教育工作，做好"三级安全教育"，牢固树立"安全第一"的思想观念。进入施工现场应戴好安全帽，高空作业扣好安全带，穿好防滑鞋。对每个施工员进行技术交底工作，每日上班前开安全会，每周开一次安全施工例会，总结安全施工情况，提出修改意见。每周由总包单位组织一次安全生产大检查；每天由专职安全员巡视，检查监督安全工作，把安全工作落到实处。

(1)参加起重吊装作业人员，包括司机、起重工、信号指挥(对讲机须使用独立对讲频道)、电焊工等均应接受过专业培训和安全生产知识考核教育培训，取得相关部门的操作证和安全上岗证，并经体检确认后方可进行高处作业。

(2)墙板堆场区域内应设封闭围挡和安全警示标志，非操作人员不得进入吊装区。

(3)构件起吊前，操作人员应认真检验吊具各部件，详细复核构件型号，做好构件吊装事前工作，如外墙板连接筋弯曲、塑钢成品保护、临时固定拉杆竖向槽钢安装等。

(4)起吊时，堆场区及起吊区的信号指挥与塔吊司机的联络通信应使用标准、规范的普通话，防止因语言误解产生误判而发生意外。起吊与下降全过程应始终由当班信号统一指挥，严禁他人干扰。

(5)构件起吊至安装位置上空时，操作人员和信号指挥应严密监控构件下降过程，防止构件与竖向钢筋或立杆碰撞。下降过程应缓慢进行，降至可操控高度后，操作人员迅速扶正挂板方向，导引至安装位置。在构件安装斜拉杆、脚码前，塔吊不得有任何动作及移动。

(6)起吊工具应使用符合设计和国家标准，经相关部门批准的指定系列专用工具。

(7)所有参与吊装的人员进入现场时应正确使用安全防护用品，戴好安全帽。在 2 m 以上(含 2 m)没有可靠安全防护设施的高处施工时,必须系好安全带。高处作业时,不能穿硬底和带钉易滑的鞋施工。

(8)吊装施工时,在其安装区域内行走应注意周边环境是否安全。临边洞口、预留洞口应做好防护,吊运线上应设置警示栏。

(9)使用手持电钻进行楼面螺丝孔钻孔工作时,应仔细检查电钻线头和插座是否破损。配电箱应有防触电保护装置,操作人员须戴绝缘手套。电焊工、氩气乙炔气割人员操作时应开具动火证,并由专人监护。

(10)操作人员不得以墙板预埋连接筋作为攀登工具,应使用合格标准梯。在墙板与结构连接处混凝土混强度达到设计要求前,不得拆除临时固定的斜拉杆、脚码。施工过程中,斜拉杆上应设置警示标志,并由专人监控巡视。

8.3　主要安全措施

(1)边长或直径在 20 ~ 40 cm 洞口可盖板固定防护,40 ~ 150 cm 以上的洞口须架设脚手管,满铺竹笆固定围护。

(2)边长或直径 150 cm 以上的洞口,应在洞口下张小眼安全网。

(3)钢管立柱纵距、横距、步距应按规定布置,立杆纵距为 2 m,立杆横距为 1 m,立杆步距为 2 m。

(4)建筑物楼层周边钢梁吊装完成后,必须在临边离钢梁面 1.0 ~ 1.2 m 处设置两道连续9.0 ~ 11.0 mm 的无油钢丝绳。钢丝绳与预制墙预留吊装环用卸扣连接或用捆扎连接。

(5)架子工搭设临边脚手架、操作平台、安全挑网时,必须将安全带系在临边防护钢丝绳上。

(6)预制楼板应由里向外或由外向里连续铺设。

(7)楼层预制楼板施工完成后,应移交下一道工序,同时拆除临边防护钢丝绳。

(8)登高设施。同一楼层脚手架底步距向第二步攀登,应在楼层安全通道与脚手架连接处设置歇脚平台,平台不小于 1 m ×1 m,且设置防护栏杆。在歇脚平台上设置垂直爬梯,爬梯踏步间距不大于 40 cm。

(9)脚手架搭设。一律采用钢管脚手架,钢管应符合 3 号钢技术要求,外径不小于48 mm,壁厚不小于 3.5 mm,扣件、螺栓等金属配件质量应符合有关标准要求,无锈蚀、变形、消丝、裂缝等现象。脚手架钢管扣件等必须有产品生产许可证、准用证、合格证等有关证明资料才能用于支架搭设。

(10)季节性安全施工。炎热季节除注意常规的安全措施,还应考虑阴雨天气道路保障畅通措施,避免因道路不通畅而影响施工进度。下雨后,登高设施、构件、操作工具、行走道路、有关设备等施工范围应将积水及时清理干净后再正常操作,以防滑跌造成事故。雷雨天气应停止吊装施工。

模块三

预制构件吊装施工技术

项目九
PC 墙板吊装

【项目工作页】

姓名		学号		班级		日期	
小组成员							
学习领域	竖向构件吊装施工			学业评分			
学习情境	掌握竖向吊装施工的步骤			教学课时			
指导老师				主要设备			
项目内容	1. 施工面清理 2. 测量放线 3. 垫块找平 4. 插筋清理 5. 安装橡胶棉条 6. 墙板斜支撑准备 7. 准备坐浆料						
项目任务描述	本项目针对装配式建筑剪力墙、YQB – 02 外墙板吊装施工方法、步骤及注意事项						
项目学习 参考资源							

9.1 吊装施工流程

```
┌──────────────┐      ┌──────────────┐      ┌──────────────┐
│  吊车吊具检查  │      │   安装部位    │      │   支撑准备    │
└──────────────┘      └──────┬───────┘      └──────┬───────┘
                             │                     │
                      ┌──────▼───────┐             │
                      │    放线       │             │
                      └──────┬───────┘             │
                             │                     │
            ┌────────────────▼────────────────┐    │
            │  水平支撑架设(水平构件安装时)    │◄───┤
            └────────────────┬────────────────┘    │
                             │                     │
                      ┌──────▼───────────┐         │
                      │ 标高调整, 放置垫片 │         │
                      └──────┬───────────┘         │
 ┌────┐                      │                     │
 │构  │               ┌──────▼───────┐             │
 │件  │               │   构件吊装    │             │
 │进  ├───────────────┤              │             │
 │厂  │               └──────┬───────┘             │
 │检  │                      │                     │
 │查  │       ┌──────────────▼──────────────┐      │
 └────┘       │  斜支撑安装(剪力墙安装时)    │◄─────┘
              └──────────────┬──────────────┘
                             │
                      ┌──────▼───────┐         不合格
                      │ 位置, 角度调整 │◄──────────────┐
                      └──────┬───────┘                │
                             │                        │
                        ┌────▼────┐     ┌──────────────┐
                        │  检查   ├────►│   支撑固定    │
                        └─────────┘     └──────────────┘
```

9.2 吊装工具准备

表 3 - 1　吊装工具表

工具名称	要求	图片
定位钢板	大孔洞用于混凝土浇筑和振捣; 小孔洞用于定位和调整套筒钢筋; 小孔洞的尺寸根据套筒钢筋的直径而定	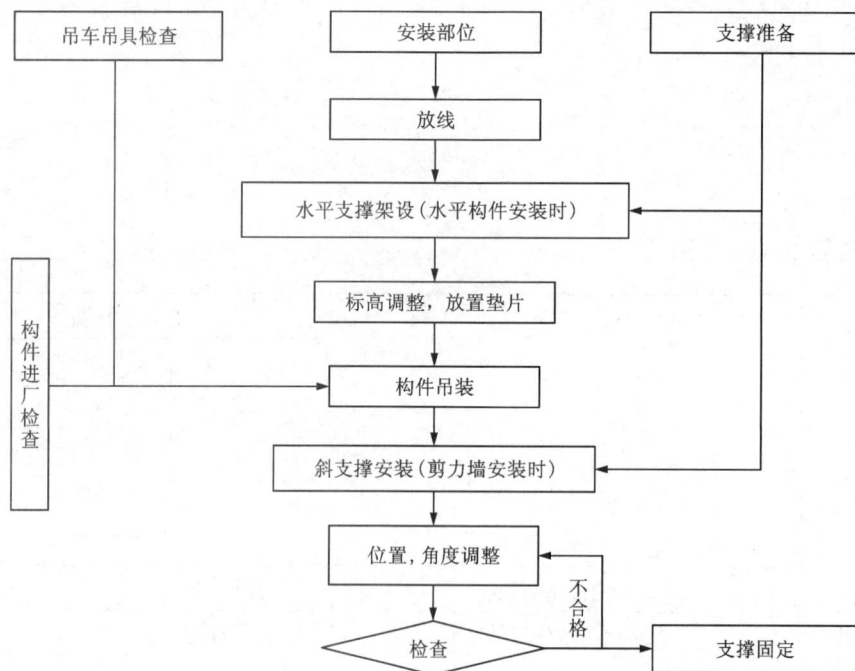

续表 3 – 1

工具名称	要求	图片
鸭嘴吊具	吊装墙体和楼梯等预制构件的专业吊装工具	
吊钩	吊装叠合板用的专用工具	
吊装钢梁	长度是根据不同构件的尺寸进行设计的。另外，吊装钢梁的上下有两排孔洞，上面这排孔洞是用于跟塔吊的钢丝绳连接，下面这排孔洞是根据不同的吊钉位置进行连接的	
长斜支撑短斜支撑	长杆斜支撑是通过把手的旋转来调整墙体的垂直度；短斜支撑是通过把手的旋转来调整墙身的位置	

工具名称	要求	图片
三脚架		
立杆	独立支撑是用于叠合板的支撑体系	
铝梁		

9.3 预制墙板构件进场检验

图 3 – 1 剪力强

表3-2　预制墙板类构件外形尺寸允许偏差及检验方法

项目			允许偏差/mm	检验方法
规格尺寸	高度		±4	用尺量两端及中间部，取其中偏差绝对值较大值
	宽度		±4	用尺量两端及中间部，取其中偏差绝对值较大值
	厚度		±3	用尺量板四角和四边中部位置共8处，取其中偏差绝对值较大值
对角线差			5	在构件表面，用尺量测两对角线的长度，取其绝对值的差值
外形	表面平整度	内表面	4	用2m靠尺安放在构件表面上，用楔形塞尺量测靠尺与表面之间的最大缝隙
		外表面	3	
	楼板侧向弯曲		$L/1000$ 且≤20	拉线，钢尺量最大弯曲处
	扭翘		$L/1000$	四对角拉两条线，量测两线交点之间的距离，其值的2倍为扭翘值
预埋部件	预埋钢板	中心线位置偏差	5	用尺量测纵横两个方向的中心线位置，取其中较大值
		平面高差	0，-5	用尺紧靠在预埋件上，用楔形塞尺量测预埋件平面与混凝土面的最大缝隙
	预埋螺栓	中心线位置偏移	2	用尺量测纵横两个方向的中心线位置，取其中较大值
		外露长度	+10，-5	用尺量
	预埋套筒、螺母	中心线位置偏移	2	用尺量测纵横两个方向的中心线位置，取其中较大值
		平面高差	0，-5	用尺紧靠在预埋件上，用楔形塞尺量测预埋件平面与混凝土面的最大缝隙
预留孔	中心线位置偏移		5	用尺量测纵横两个方向的中心线位置，取其中较大值
	孔尺寸		±5	用尺量测纵横两个方向尺寸，取其最大值
预留洞	中心线位置偏移		5	用尺量测纵横两个方向的中心线位置，取其中较大值
	洞口尺寸、深度		±5	用尺量测纵横两个方向尺寸，取其最大值

项目		允许偏差/mm	检验方法
预留插筋	中心线位置偏移	3	用尺量测纵横两个方向的中心线位置,取其中较大值
	外露长度	±5	用尺量
吊环、木砖	中心线位置偏移	10	用尺量测纵横两个方向的中心线位置,取其中较大值
	与构件表面混凝土高差	0, −10	用尺量
键槽	中心线位置偏移	5	用尺量测纵横两个方向的中心线位置,取其中较大值
	长度、宽度	±5	用尺量
	深度	±5	用尺量
灌浆套筒及连接钢筋	灌浆套筒中心线位置	2	用尺量测纵横两个方向的中心线位置,取其中较大值
	连接钢筋中心线位置	2	用尺量测纵横两个方向的中心线位置,取其中较大值
	连接钢筋外露长度	+10, 0	用尺量

注: L 为构件长度, mm。

9.4 竖向构件吊装前准备工作

9.4.1 套筒钢筋校核

应采用钢筋定位钢板,对套筒钢筋进行相对位置和绝对位置的验收,如图 3 – 2 所示。

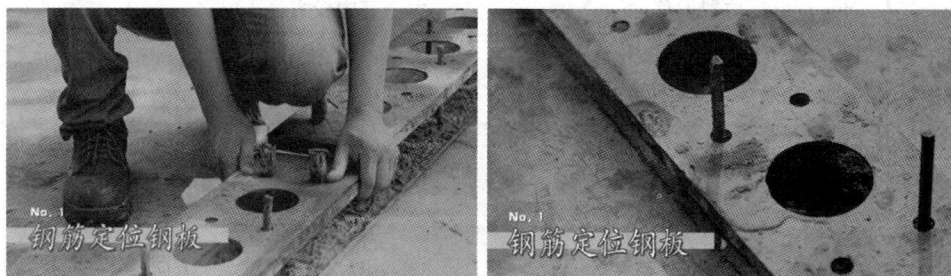

图 3 – 2 钢筋定位图

9.4.2　安装前按图纸在顶板弹出竖向构件位置控制线

应在顶板上弹出竖向构件墙身轴线控制线、构件边缘及墙端实线、构件门窗洞口线,如图 3 - 3 所示。

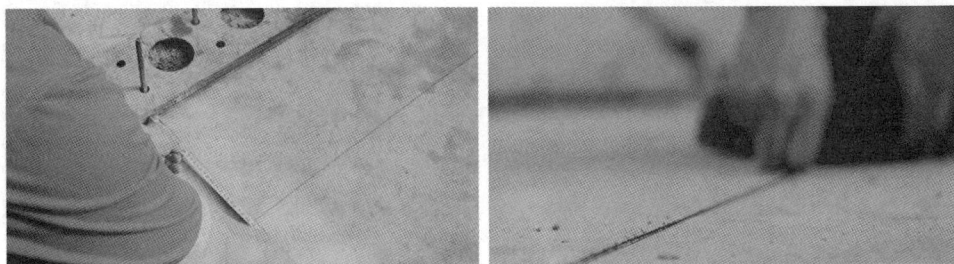

图 3 - 3　控制线

9.4.3　顶板提前安装斜支撑

应将临时支撑架与其连接件提前安装在顶板上。若斜支撑长短合适的情况下,可以前将临时斜支撑连接件安装在竖向构件上,如图 3 - 4 所示。

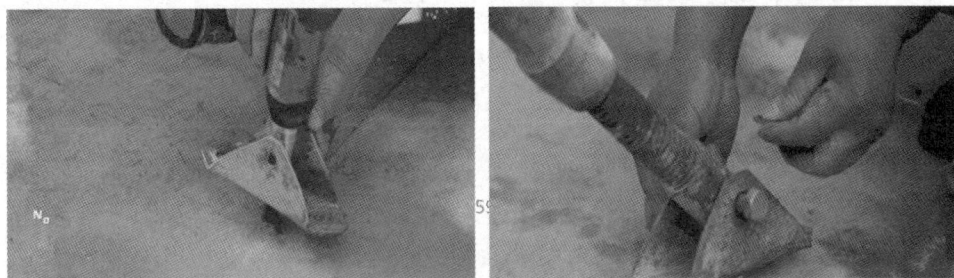

图 3 - 4　安装斜支撑

9.4.4　竖向构件底部标高调整

应进行竖向构件底部标高调整。使用水准仪对预埋件抄平螺栓或垫片的标高进行调整及校核。校核完成后,用红漆进行标注,如图 3 - 5 所示。

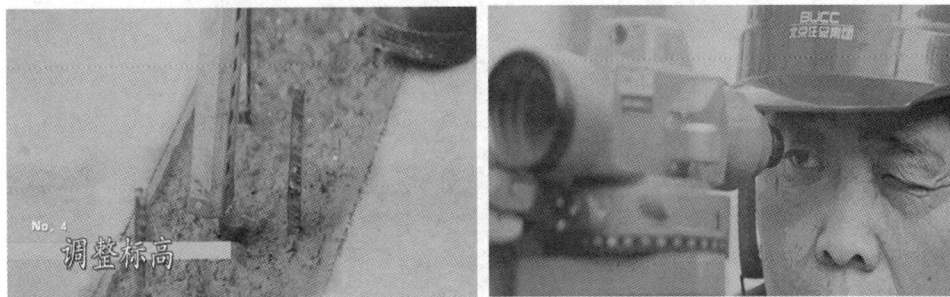

图 3 - 5　底部标高测量

65

9.4.5　预制外墙外侧封边

预制外墙安装前应用 PE 条或其他弹性材料先进行外墙外侧封边。PE 条应固定在下层预制外墙保温层上且安装牢固，如图 3-6 所示。

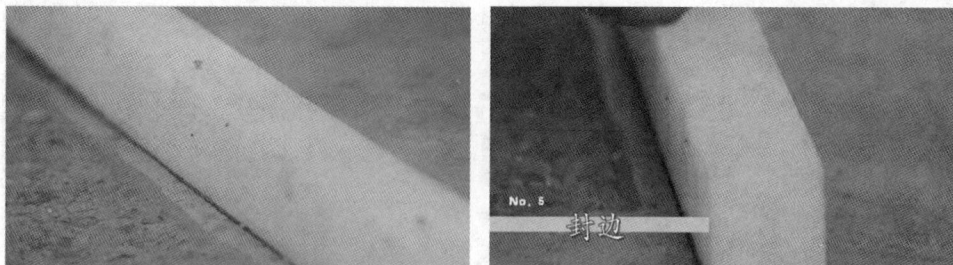

图 3-6　外侧密封

9.5　竖向构件吊装

9.5.1　检查吊具安装是否牢固

第一步，构件起吊前要检查吊具安装是否牢固，如图 3-7 所示。

图 3-7　安装吊具

构件起吊至距离地面 50 cm 位置时，确定稍做停顿。无滑勾、脱落情况后再继续起吊，如图 3-8 所示。

图 3-8　检查安全

9.5.2　吊装入位

第二步，竖向构件吊装至操作面上空 4 m 左右位置时，利用引导绳初步控制构件走向至操作工人可触摸到构件高度，如图 3 - 9 所示。

图 3 - 9　吊装就位

利用反光镜观察钢筋与套筒位置后缓慢下落，直至构件完全落下，如图 3 - 10 所示。

图 3 - 10　对孔

9.5.3　安装斜支撑

构件入位后，初步校核构件与安装位置线偏差。将临时斜支撑利用电动扳手安装牢固并摘钩，如图 3 - 11 所示。

图 3 - 11　安装斜支撑

斜支撑安装好后,开始摘钩,如图 3 – 12 所示。

图 3 – 12 摘钩

9.5.4 调整构件垂直度及墙身位置

入位后利用靠尺对预制墙体进行校核,如图 3 – 13 所示。

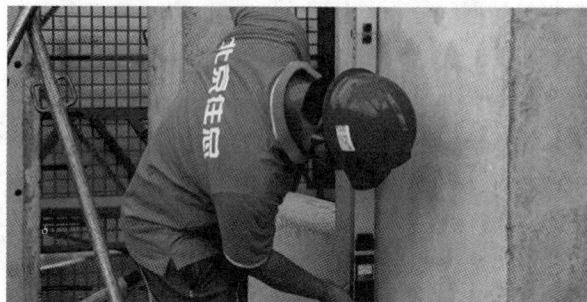

图 3 – 13 校正

竖向构件吊装安装作为吊装安装重头戏,难度最大的是套筒灌浆钢筋对位及竖向构件安装位置。如果套筒灌浆钢筋对位合格可以得 60 分,那竖向构件安装变差为 0 mm 时就是 100 分。

小结:根据上述步骤,循环安装每一块墙板,6 人一组,每块外墙板吊装时间 16 min/块、内墙板吊装时间 13 min/块,平均每块墙板 15 min。

按照上述方法完成其他墙板安装。

实训一
PC 墙板吊装实训

1. 实训目的

熟悉 PC 墙板吊装施工；

掌握各种工具、设备的使用方法。

2. 实训内容

分组完成 PC 墙板（编号：QNB – 03）吊装施工。

3. 实训所需工具、设备清单

表 3 – 3　工具、设备清单

序号	分类	名称	规格型号	数量	单位	备注
1						
2						
3						
4						
5						
6						
7						
8						
9						
10						

4. 实训步骤

分组：将所有人分成若干小组，每组推选 1 名小组长，负责组内人员分配及职责分工。

布置任务：根据实训场条件，教师指定各组需完成的实践任务，并进行安全和技术交底工作。

小组完成实训：小组根据实践任务和技术文件等资料，进行人员分工，按时完成实践作业。

组内互评：实训结束后，组内总结并完成互评。

教师评分：教师根据实训考核评分表进行评分。

5. 实训考核评分表

表 3 – 4　实训考核评分表

序号	科目	考核	规范	分数	记录	评分
1	操作安全	个人安全防护	是否正确佩戴安全帽、鞋、手套	10		
2		安全使用吊装设备	吊车构件下方有人不吊； 指挥信号不明不吊； 吊具与吊点不牢固不吊	4		
3	构件入场检验	出厂合格资料内容检查	检查出厂合格资料是否齐全，检测报告是否符合规范要求	3		
4		构件外观检查	参赛选手检查尺寸，将检查结果填写在检查表上	3		
5		检查钢筋套筒、预留通孔、内丝是否通畅，发现异物及时清理	检查钢筋套筒； 检查预留通孔； 检查内丝	4		
6	吊装准备	安放多层可调垫板并调整找平	挂钩试起，保证吊车主钩位置、吊具及构件重心在竖直方向重合	6		
7		搅拌铺设袋装预拌坐浆料	均匀搅拌坐浆料，不能出现干料； 均匀铺设坐浆料，抹平	10		
8		挂钩试起，保证吊车主钩位置、吊具及构件重心竖直方向重合	挂钩试起，保证吊车主钩位置、吊具及构件重心在竖直方向重合	10		
9	吊装	墙板吊起 牵引 对孔摆正 落钩就位	墙板吊起应慢起、稳升、缓放，吊运过程应保持稳定，不得偏斜摇摆扭转； 墙板吊至安装位置附近有工人牵引； 对孔摆正，墙板安装就位	20		
10		安装临时支撑，测量校正后锁紧临时支撑	垂直度测量符合 5 mm 误差； 支撑安装不少于 2 道； 调整支撑不熟练酌情扣 2 分，最后不拧紧扣 2 分	8		
11		水平缝塞浆	塞浆完整酌情扣分	2		
12	操作时间	操作时间	用时最短的得满分	20		
小组签名			评分合计	100		

6. 实训表

表 3-5　实训表

实践内容	完成 PC 墙板吊装施工			
构件名称				
专业/班级				
小组成员/分工				

表 3-6　施工工序表

序号	工序	工作要点	人员	工具	备注

项目十
PC 柱吊装

【项目工作页】

姓名		学号		班级		日期	
小组成员							

学习领域	竖向构件吊装施工	学业评分	
学习情境	掌握竖向吊装施工的步骤	教学课时	
指导老师		主要设备	

项目内容	1. 施工面清理 2. 测量放线 3. 垫块找平 4. 插筋清理 5. 安装橡胶棉条 6. 墙板斜支撑准备 7. 准备坐浆料
项目任务描述	本项目针对装配式建筑预制框柱、YKZ－1柱吊装施工方法、步骤及注意事项。
项目学习 参考资源	

10.1　预制柱进场检验

表 3 - 7　预制梁柱构件外形尺寸允许偏差及检验方法

检查项目			允许偏差/mm	检验方法
规格尺寸	长度	<12m	±5	用尺量两端及中间部,取其中偏差绝对值较大值
		≥12m 且 <18m	±10	
		≥18m	±20	
	宽度		±5	用尺量两端及中间部,取其中偏差绝对值较大值
	高度		±5	用尺量板四角和四边中部位置共 8 处,取其中偏差绝对值较大值
表面平整度			4	用 2m 靠尺安放在构件表面上,用楔形塞尺量测靠尺与表面之间的最大缝隙
侧向弯曲	梁柱		$L/750$ 且≤20	拉线,钢尺量最大弯曲处
预埋部件	预埋钢板	中心线位置偏差	5	用尺量测纵横两个方向的中心线位置,取其中较大值
		平面高差	0,-5	用尺紧靠预埋件,用楔形塞尺量测预埋件平面与混凝土面最大缝隙
	预埋螺栓	中心线位置偏移	2	用尺量测纵横两个方向的中心线位置,取其中较大值
		外露长度	+10,-5	用尺量
预留孔	中心线位置偏移		5	用尺量测纵横两个方向的中心线位置,取其中较大值
	孔尺寸		±5	用尺量测纵横两个方向尺寸,取其绝对值最大值
预留洞	中心线位置偏移		5	用尺量测纵横两个方向的中心线位置,取其中较大值
	洞口尺寸、深度		±5	用尺量测纵横两个方向尺寸,取其绝对值最大值

检查项目		允许偏差 /mm	检验方法
预留插筋	中心线位置偏移	3	用尺量测纵横两个方向的中心线位置,取其中较大值
	外露长度	±5	用尺量
键槽	中心线位置偏移	5	用尺量测纵横两个方向的中心线位置,取其中较大值
	长度、宽度	±5	用尺量
	深度	±5	用尺量
灌浆套筒及连接钢筋	灌浆套筒中心线位置	2	用尺量测纵横两个方向的中心线位置,取其中较大值
	连接钢筋中心线位置	2	用尺量测纵横两个方向的中心线位置,取其中较大值
	连接钢筋外露长度	+10, 0	用尺量

10.2 吊装施工流程

SPCS 叠合柱施工工艺流程如下:

测量放线→连接钢筋校正→标高调节→吊装→临时固定→校正→节点钢筋绑扎→节点模板安装→混凝土浇筑。

10.3 PC 柱吊装前准备工作

(1)基层清理:吊装前对基底进行凿毛处理,并保证基面清洁。

(2)测量放线:测量放线人员通过全站仪或经纬仪在作业层混凝土上表面弹设控制线以便安装叠合构件。通过在叠合墙墙身、柱上放出的梁、板底标高控制线,检查预制墙、柱结合面的标高是否满足要求,对于超高的部分应采用角磨机将墙体超高部分切割掉,以保证叠合梁、叠合板顺利安装,如图 3 -14 所示。

(3)外露连接件矫正:去除下层叠合柱预留钢筋上的保护,并清洁预留钢筋,采用专用钢筋卡具等检查预留钢筋的位置与尺寸,对超过允许偏差的钢筋进行校正处理。外露预留钢筋的位置、尺寸允许偏差应符合设计规定。专用刚卡具同时能够卡住柱子上下主筋,校正到位,如图 3 -15 所示。

图 3-14 测量放线

图 3-15 外露连接件矫正

10.4 PC 柱吊装

(1)叠合柱吊装前,施工管理及操作人员应熟悉施工图纸,按照吊装流程核对构件类型及编号,确认安装位置,标注吊装顺序,并在柱体上弹出标高控制线。

(2)叠合柱的吊装宜采用专用吊带,将吊带缠绕叠合柱内部箍筋网片十字交点为吊点,采用柱顶箍筋网片第二排箍筋作为起吊点,吊运过程中,应注意对预制叠合柱的保护,如图 3-16 所示。

图 3-16 叠合柱就位

(3)用吊车缓缓将叠合柱吊起,待叠合柱的底边升至距地面 500 mm 左右时略做停顿,再次检查吊挂是否牢固、板面有无污染破损,若有问题须立即处理,不得继续吊装作业。确认无误后,继续提升使之慢慢靠近安装作业面。

(4)叠合柱缓慢下降,待到距离预留钢筋顶部时,叠合柱应对准地面上的控制线,同时,叠合柱外露钢筋对准预留钢筋,将柱体缓缓下降,使之平稳就位并通过专用工装固定叠合柱同时调整叠合柱水平位置,如图 3-17 所示。

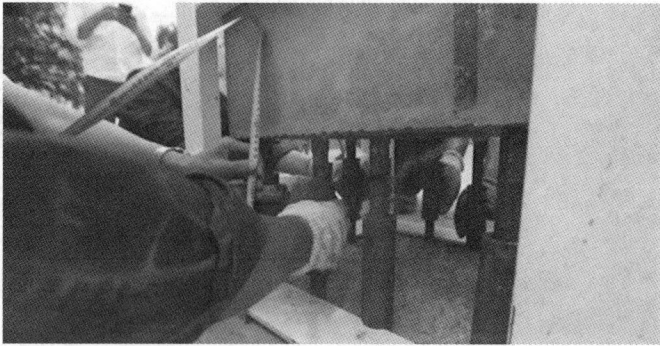

图 3 - 17　测量放线

（5）纵筋机械连接接头上下第一道箍筋距套筒距离不应大于 50 mm，其连接构造如图 3 - 18 所示。

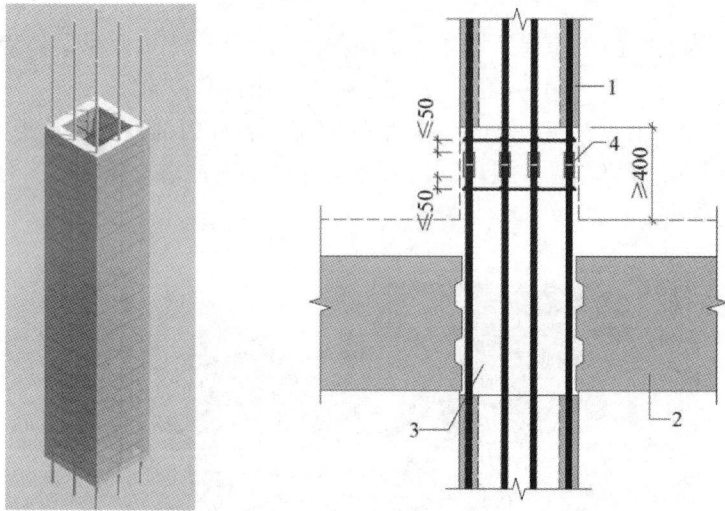

图 3 - 18　竖向连接构造

（6）临时固定。当柱体达到安装高度时，对叠合柱采用斜支撑进行临时固定，固定时，每个预制叠合墙的支撑不应少于 2 道（短斜撑和长斜撑），并同时在柱体两个垂直方向进行支撑。具体如图 3 - 19 所示。

（7）叠合框架柱后浇筑节点钢筋连接，待柱体标高、位置均调整就位后，进行柱纵筋连接，叠合柱的外露钢筋通过挤压或专用连接件（可调直螺纹）与下部预留钢筋连接起来。

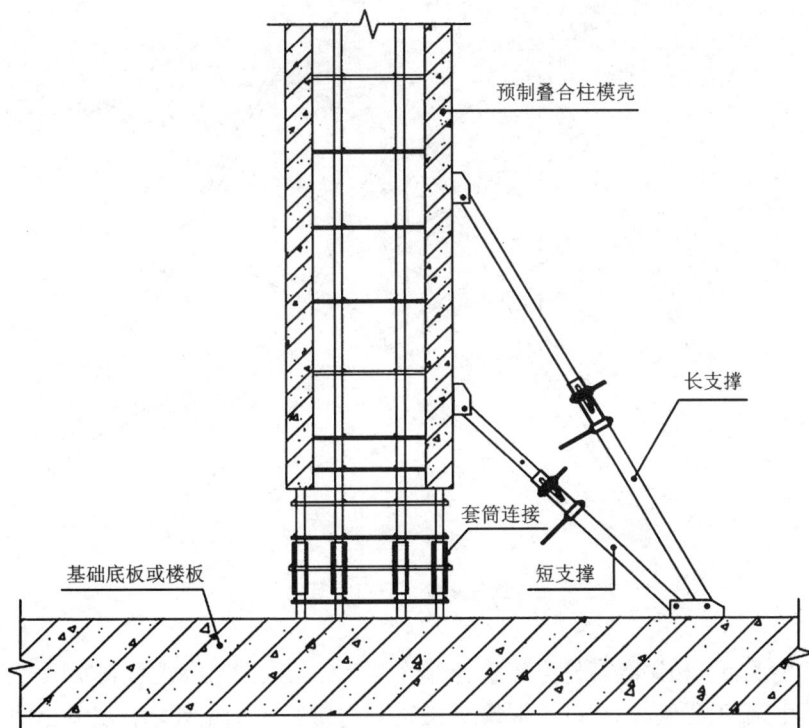

图 3-19 临时固定

10.5 位置校正

预制叠合柱校正包括平面定位、垂直度等方面,具体措施如下。

(1)柱体水平位置校正措施。

采用叠合柱专用定位工装设备或利用短斜撑调节杆,通过对柱体根部进行调节来控制柱体水平的位置。

(2)柱体垂直度校正措施。

待叠合柱水平位置调节完毕后,利用长斜撑调节杆,通过调整柱体顶部的水平位移来控制柱体的垂直度。

(3)用检测尺检测叠合柱安装垂直度,及时校正到位。

10.6 后浇节点的混凝土浇筑

(1)叠合柱预制层下边缘与楼板面之间的后浇节点与叠合柱柱体空腔部分需现场浇筑混凝土,混凝土浇筑前,应进行隐蔽工程验收。

(2)隐蔽工程验收后,对后浇节点处进行支模。

(3)混凝土浇筑时,应对模板及支架进行监测观察和维护,发生异常情况应及时处理,如图 3-20 所示。

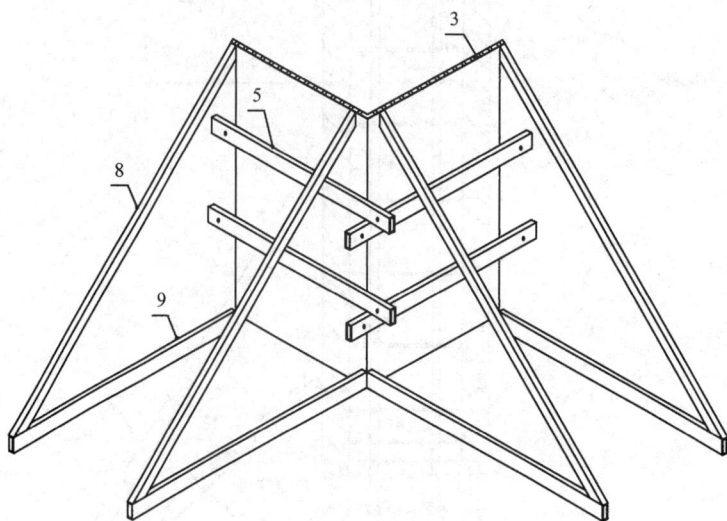

图 3 – 20　节点浇筑

（4）通常情况下，预制叠合柱空腔叠合部分与叠合梁板同时浇筑且宜使用自密实混凝土。浇筑前应进行隐蔽工程验收。SPCS 混凝土浇筑对坍落度有严格要求，混凝土浇筑之前先在现场进行混凝土坍落度测试，符合设计要求才能浇筑，一般为 200 mm。

（5）混凝土浇筑之前先对 SPCS 叠合柱进行接浆处理，预先铺设与混凝土成分相同的 30 mm 去石砂浆。混凝土浇筑时，应对模板、支架及叠合墙进行观察和维护，发生异常情况要及时处理，如图 3 – 21 所示。

（6）混凝土浇筑完成后，应及时进行养护并做好混凝土试块工作。

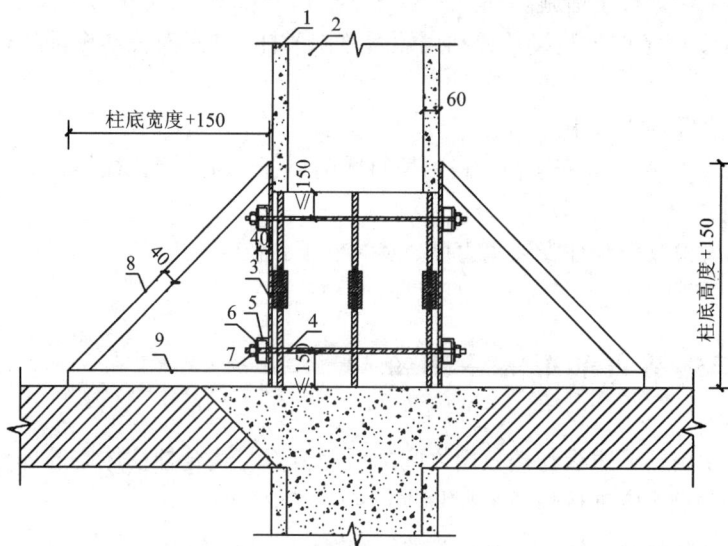

图 3 – 21　浇筑示意

实训二
PC 柱吊装实训

1. 实训目的

熟悉 PC 柱吊装施工；

掌握各种工具、设备的使用方法。

2. 实训内容

分组完成 PC 柱（编号：YKZ–5）吊装施工。

3. 实训所需工具、设备清单

表 3–8　工具、设备清单

序号	分类	名称	规格型号	数量	单位	备注
1						
2						
3						
4						
5						
6						
7						
8						
9						
10						

4. 实训步骤

分组：将所有人分成若干小组，每组推选 1 名小组长，负责组内人员分配及职责分工。

布置任务：根据实训场条件，教师指定各组需完成的实践任务，并进行安全和技术交底工作。

小组完成实训：小组根据实践任务和技术文件等资料，进行人员分工，按时完成实践作业。

组内互评：实训结束后，组内总结并完成互评。

教师评分：教师根据实训考核评分表进行评分。

5. 实训考核评分表

表 3 – 9　实训考核评分表

序号	科目	考核	规范	分数	记录	评分
1	操作安全	个人安全防护	是否正确佩戴安全帽、鞋、手套	10		
2		安全使用吊装设备	吊车构件下方有人不吊； 指挥信号不明不吊； 吊具与吊点不牢固不吊	4		
3	构件 入场检验	出厂合格资料 内容检查	检查出厂合格资料是否齐全，检测报告是否符合规范要求	3		
4		构件外观检查	参赛选手检查尺寸，将检查结果填写在检查表上	3		
5		检查钢筋套筒、预留通孔、内丝是否通畅，发现异物及时清理	检查钢筋套筒； 检查预留通孔； 检查内丝	4		
6	吊装准备	安放多层可调垫板并调整抄平	挂钩试起，保证吊车主钩位置、吊具及构件重心在竖直方向重合	6		
7		搅拌铺设袋装预拌坐浆料	均匀搅拌坐浆料，不出现干料，成品出现干料； 均匀铺设坐浆料，不均匀	10		
8		挂钩试起，保证吊车主钩位置、吊具及构件重心竖直方向重合	挂钩试起，保证吊车主钩位置、吊具及构件重心在竖直方向重合	10		
9	吊装	柱吊起 牵引 对孔摆正 落钩就位	PC柱吊起应慢起、稳升、缓放，吊运过程应保持稳定，不得偏斜摇摆扭转 PC柱吊至安装位置附近有工人牵引； 对孔摆正，PC柱安装就位	20		
10		安装临时支撑，测量校正后锁紧临时支撑	垂直度测量符合5 mm误差 支撑安装不少于2道， 调整支撑不熟练酌情扣2分，最后不拧紧扣2分	8		
11		水平缝塞浆	塞浆完整酌情扣分	2		
12	操作时间	操作时间	用时最短的得满分	20		
	小组签名		评分合计	100		

6. **实训表**

表 3−10 实训表

实践内容	完成 PC 柱吊装施工			
构件名称				
专业/班级				
小组成员/分工				

表 3−11 施工工序表

序号	工序	工作要点	人员	工具	备注

项目十一
水平构件吊装施工

【项目工作页】

姓名		学号		班级		日期	
小组成员							

学习领域	水平构件吊装施工	学业评分	
学习情境	掌握水平构件吊装施工的步骤	教学课时	
指导老师		主要设备	
项目内容	1. 施工前准备 2. 测量放线 3. 安装三脚架 4. 安装独立支撑杆、顶托 5. 调节标高 6. 弹线 7. 垫密封泡沫条安装 8. 挂钩 9. 起吊 10. 取钩		
项目任务描述	本项目针对叠合楼板、DB－D35 的吊装工艺及质量保障措施、水平构件吊装施工方法、水平构件吊装施工步骤及注意事项。		
项目学习参考资源			

11.1 叠合板吊装流程

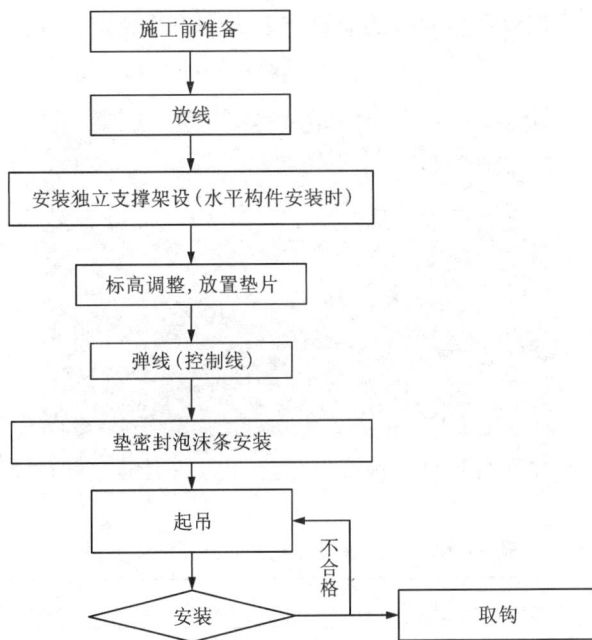

图 3 – 22 叠合楼板安装流程图

图 3 – 23 叠合楼板吊装示意图

11.2 叠合板进场检验

叠合板的质量应符合下列要求。

（1）叠合板尺寸允许偏差及检验方法应符合表3-12的规定，留出构件钢筋（钢丝）长度不应小于设计要求。

（2）预应力叠合板不允许有垂直于预应力钢丝方向的裂缝，双向预应力薄板两个方向均不得有裂缝。

表3-12 叠合板尺寸允许偏差及检验方法

项目		允许偏差/mm	检验方法
长度		±5	用尺量测平行于板长方向的任何部位
宽度		±5	用尺量测垂直于板长方向底面的任何部位
厚度		+5，-3	用尺量测与长边竖向垂直的任何部位
对角线		5	用尺量测板面的两个对角线
侧向弯曲		不大于$L/750$，且不大于20	拉线，用尺量测侧向弯曲最大处
翘曲		≤$L/750$	调平尺在板两端量测
表面平整度		5	用2 m靠尺和塞尺量测靠尺与板面最大间隙
底板平整度		4	在板侧立情况下，2 m靠尺、塞尺量测靠尺与板底的最大间隙
预应力钢筋保护层厚度		+5，-3	用尺或钢筋保护层厚度测定仪量测
预应力钢筋外伸长度		+30，-10	用尺在板两端量测
预埋件	中心位置偏移	10	用尺量测纵横两个方向中心线，取其中较大值
	与混凝土表面平整	5	用平尺或钢尺盘测
预留孔洞	中心位值偏移	10	用尺量测纵、横两个方向中心线，取其中较大值
	规格尺寸	+10，0	用尺量测

注：L为构件长度，mm。

84

11.3　吊装前准备工作

在叠合板吊装前,应做好以下三方面的准备工作。

11.3.1　弹出控制线

根据图纸要求,在墙上口弹出叠合板安装位置控制线。避免叠合板安装时的累积误差,如图3－24所示。

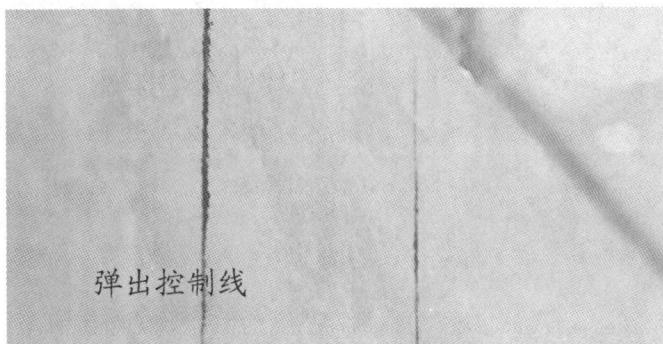

图3－24　弹出控制线

11.3.2　三角支架固定

应根据设计图纸及方案要求安装独立支撑及龙骨,并用三角支架临时固定,如图3－25所示。

图3－25　三角支架固定

11.3.3　调整龙骨高度

安装完成后使用扫平仪,根据叠合板板底标高初步调整龙骨高度,如图3－26所示。

图 3 - 26 调整标高

11.4 叠合楼板安装

11.4.1 安装吊具

根据设计要求,在叠合楼板吊点位置安装好吊具。叠合楼板起吊前要检查吊具是否安装牢固,如图 3 - 27 所示。

图 3 - 27 安装吊具

起吊至距离地面 50cm 位置时稍作停顿。检验无滑钩、脱落情况后再继续起吊,如图 3 - 28所示。

图 3 - 28　起吊

11.4.2　控制走向

叠合楼板吊运至操作面 4 m 左右位置时，利用引导大绳初步控制叠合楼板走向，如图 3 - 29 所示。

图 3 - 29　控制走向

待叠合楼板下落至操作工人可用手接触的高度时，再按照叠合楼板安装位置线进行安装，如图 3 - 30 所示。

图 3 - 30　就位

87

11.4.3 校核间距

叠合楼板安装完成后，根据叠合楼板安装位置线校核叠合楼板的板带间距，如图3－31所示。

图3－31 校核间距

11.4.4 调整标高

利用独立支撑，对叠合楼板的板底标高进行调整，如图3－32所示。

图3－32 调整标高

叠合楼板的安装和现浇楼板施工相比较，具有的优势是：现浇楼板采用满堂红的支撑体系，而叠合楼板采用更加便捷和快捷的独立支撑体系。另外，叠合楼板节省了大量的顶板模板的施工任务和钢筋绑扎的施工任务，从而提升了施工效率。

实训三
叠合楼板吊装实训

1.实训目的

熟悉叠合楼板吊装施工；

掌握各种工具、设备的使用方法。

2.实训内容

分组完成叠合楼板(DB-11)吊装施工。

3.实训所需工具、设备清单

表3-13 工具、设备清单

序号	分类	名称	规格型号	数量	单位	备注
1						
2						
3						
4						
5						
6						
7						
8						
9						
10						

4.实训步骤

分组：将所有人分成若干小组，每组推选1名小组长，负责组内人员分配及职责分工。

布置任务：根据实训场条件，教师指定各组需完成的实践任务，并进行安全和技术交底工作。

小组完成实训：小组根据实践任务和技术文件等资料，进行人员分工，按时完成实践作业。

组内互评：实训结束后，组内总结并完成互评。

教师评分：教师根据实训考核评分表进行评分。

5. 实训考核评分表

表 3 – 14　实训考核评分表

序号	科目	考核	规范	分数	记录	评分
1	操作安全	个人安全防护	是否正确佩戴安全帽、鞋、手套	10		
2		安全使用吊装设备	吊车构件下方有人不吊； 指挥信号不明不吊； 吊具与吊点不牢固不吊	4		
3	构件 入场检验	出厂合格资料 内容检查	检查出厂合格资料是否齐全，检测报告是否符合规范要求	3		
4		构件外观检查	参赛选手检查尺寸，将检查结果填写在检查表上	3		
5		检查钢筋套筒、 预留通孔、内丝 是否通畅，发现 异物及时清理	检查钢筋套筒； 检查预留通孔； 检查内丝	4		
6	吊装准备	安放多层可调 垫板并调整抄平	挂钩试起，保证吊车主钩位置、吊具及构件重心在竖直方向重合	6		
7		搅拌铺设袋装 预拌坐浆料	均匀搅拌坐浆料，不出现干料，成品出现干料； 均匀铺设坐浆料，不均匀	10		
8	吊装	挂钩试起，保 证吊车主钩位 置、吊具及构件重心 竖直方向重合	挂钩试起，保证吊车主钩位置、吊具及构件重心在竖直方向重合	10		
9		吊起 牵引 对孔摆正 落钩就位	叠合楼板吊起应慢起、稳升、缓放，吊运过程应保持稳定，不得偏斜摇摆扭转； 叠合楼板吊至安装位置附近有工人牵引； 对孔摆正，叠合楼板安装就位	20		
10		安装临时支撑， 测量校正后 锁紧临时支撑	垂直度测量符合 5 mm 误差， 支撑安装不少于 2 道， 调整支撑不熟练酌情扣 2 分，最后不拧紧扣 2 分	8		
11		水平缝塞浆	塞浆完整酌情扣分	2		
12	操作时间	操作时间	用时最短的得满分	20		
小组签名			评分合计	100		

6. 实训表

表 3 – 15 实训表

实践内容	完成叠合楼板吊装施工			
构件名称				
专业/班级				
小组成员/分工				

表 3 – 16 施工工序表

序号	工序	工作要点	人员	工具	备注

项目十二
异型构件吊装施工

【项目工作页】

姓名		学号		班级		日期	
小组成员							

学习领域	异型构件吊装施工	学业评分	
学习情境	掌握异型构件吊装施工的步骤	教学课时	
指导老师		主要设备	

项目内容	1. 施工前准备 2. 测量放线 3. 垫块找平 4. 插筋清理 5. 安装橡胶棉条 6. 楼梯吊装前支撑准备 7. 准备坐浆料
项目任务描述	本项目主要针对异型构件吊装施工流程方案的制订、熟悉预制楼梯连接的方式及吊装注意事项。
项目学习 参考资源	

12.1 施工流程

楼梯安装工艺流程：测量放线→预埋锚钉复核→找平坐浆→楼梯吊装→校正→灌浆→成品保护。

12.2 吊装准备

表 3 - 17 吊装工具表

工具名称	用途	图片
楼梯吊具	用途：起吊、安装过程平衡构件受力。 主要材料：20 槽钢、15 ~ 20 mm 厚钢板	
连接件	用途：受力主要机械、联系构件与起重机械之间受力 主要材料：根据图纸规格可在市场上采购	
固定件	用途：用以固定螺栓，方便挂钢丝绳 主要材料：10 ~ 15 mm 厚钢板，自行焊接即可	
电动葫芦	用途：调节起吊过程中水平距离 主要材料：自行采购即可	

12.3 楼梯起吊

1 测量放线

预制楼梯吊装前,测量员使用经纬仪与水准仪测量并弹出楼梯端部控制线、侧边的位置线及楼梯上下平台的标高线。

2 锚钉复核

锚钉位置验收准确性直接影响楼梯的安装,可使用多功能检测尺进行快速检查及校正预埋锚钉,复核螺栓位置、垫片高度、安装位置线。

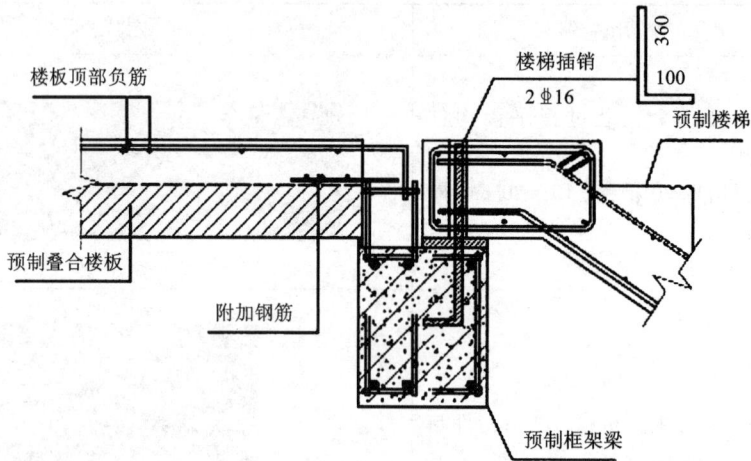

图 3-33 楼梯上部锚钉连接节点

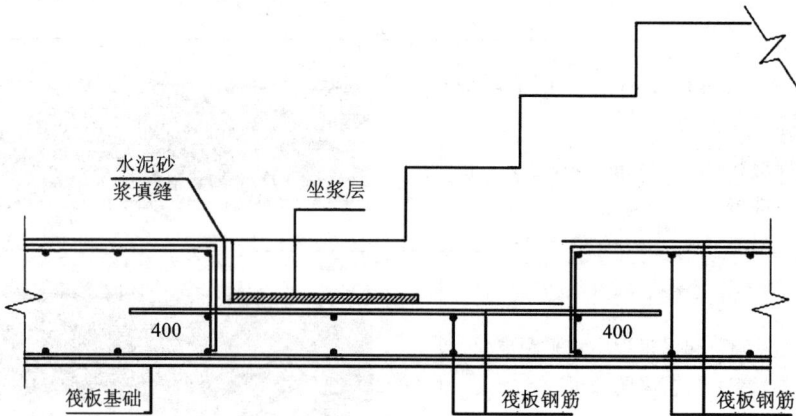

图 3-34 楼梯下部锚钉连接节点

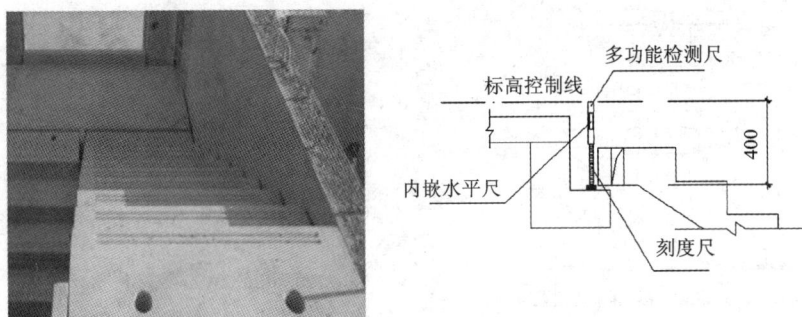

图 3 - 35　楼梯锚钉连接

3　坐浆及找平

楼梯板的上端和下端,每个端部都应放置 2 组垫块,每组垫块均要测量标高,确保踏步水平。垫块放置完后,应立即用砂浆将垫块固定,防止垫块被移动。固定要求如下:垫块规格为 40 mm×40 mm×厚度,用胶带缠绕垫块成一个整体,用砂浆固定垫块四周。垫块的厚度分别为 1 mm、2 mm、5mm、10 mm,组合使用。如图 3 - 36 所示。坐浆时应用木方条钉成一个框,或用木方条靠紧,形成坐浆区域,在有垫块的区域砂浆应距离垫块约 2 cm,防止墙板坐落时砂浆压馈到垫块上。

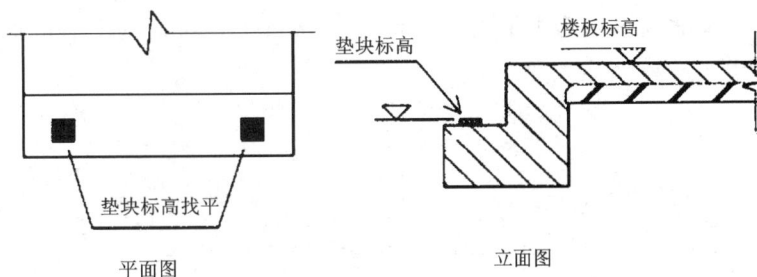

图 3 - 36　垫块找平

4　楼梯安装

方案一:预制楼梯采用水平吊装,用螺栓将通用吊耳与楼梯板预埋吊装内螺母连接,起吊前检查卸扣卡环,确认牢固后方可继续缓慢起吊。楼梯吊装点高差为 H,为保证楼梯能进入楼梯间,吊装用钢丝绳必须保证高差为 H,预制楼梯板模数化吊装方式如图 3 - 37 所示。

方案二:预制楼梯板挂钩方案采用吊链、手拉葫芦、卡扣、挂钩等组合起吊。如图 3 - 37所示。

用塔吊缓缓将构件吊起,吊离地面 300 ~ 500 mm 时略作停顿,检查塔吊稳定性、制动装置的可靠性、构件的平衡性、吊挂的牢固性以及板面有无污染破损,若有问题必须立即处理;起吊时使构件保持水平,然后安全、平稳、快速地吊运至安装地点。楼梯就位时,使上下楼梯的预埋锚钉与楼梯预留洞口相对应,边线基本吻合,人工辅助楼梯缓慢下落,基本落实后

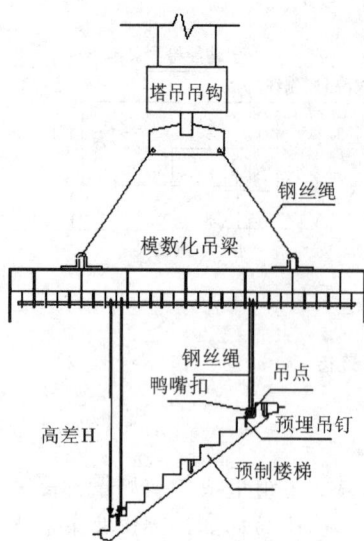

图 3 - 37　吊装方式

人工微调，使边线吻合，落实、摘钩。

5　灌浆封堵

预制楼梯与钢梁的水平间隙除坐浆密实外，多余的空隙采用聚苯板填充；预制楼梯与钢梁、休息平台的竖向间隙从下至上依次为聚苯填充、塞入 PE 棒和注胶，注胶面与踏步面、休息平台齐平，如图 3 - 38 所示。

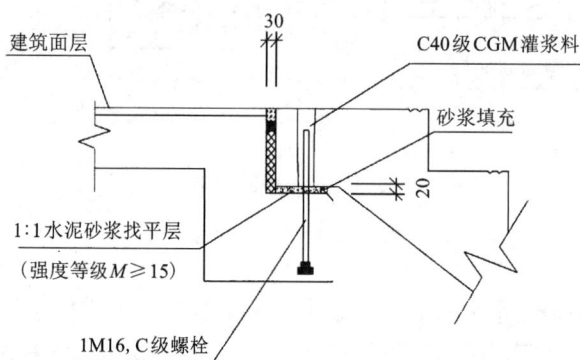

图 3 - 38　楼梯灌浆封堵

6　成品保护

楼梯板安装完后，立即用木板对楼梯进行成品保护，防止楼梯板棱角、踏步等在施工中被损坏，防护如图 3 - 39 所示。

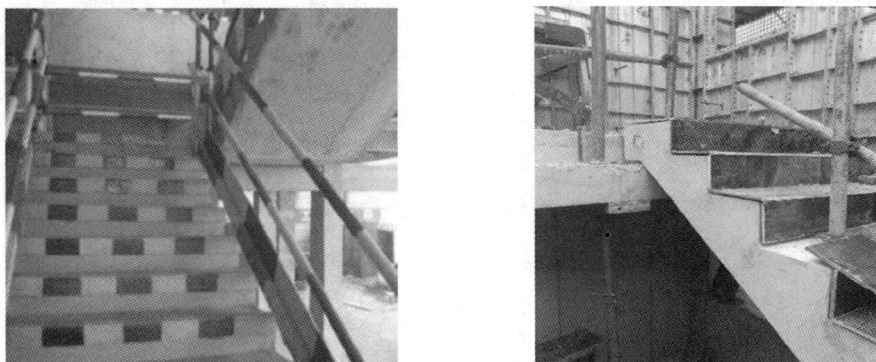

图 3 - 39　楼梯成品保护

实训四
楼梯吊装实训

1. 实训目的

熟悉楼梯吊装施工；

掌握各种工具、设备的使用方法。

2. 实训内容

分组完成楼梯(JT-05)吊装施工。

3. 实训所需工具、设备清单

表 3-18　工具、设备清单

序号	分类	名称	规格型号	数量	单位	备注
1						
2						
3						
4						
5						
6						
7						
8						
9						
10						

4. 实训步骤

分组：将所有人分成若干小组，每组推选 1 名小组长，负责组内人员分配及职责分工。

布置任务：根据实训场条件，教师指定各组需完成的实践任务，并进行安全和技术交底工作。

小组完成实训：小组根据实践任务和技术文件等资料，进行人员分工，按时完成实践作业。

组内互评：实训结束后，组内总结并完成互评。

教师评分：教师根据实训考核评分表进行评分。

5. 实训考核评分表

表 3 – 19 实训考核评分表

序号	科目	考核	规范	分数	记录	评分
1	操作安全	个人安全防护	是否正确佩戴安全帽、鞋、手套	10		
2		安全使用吊装设备	吊车构件下方有人不吊； 指挥信号不明不吊； 吊具与吊点不牢固不吊	4		
3	构件 入场检验	出厂合格 资料内容检查	检查出厂合格资料是否齐全，检测报告是否符合规范要求	3		
4		构件外观检查	参赛选手检查尺寸，将检查结果填写在检查表上	3		
5		检查钢筋套筒、预留通孔、内丝是否通畅，发现异物及时清理	检查钢筋套筒； 检查预留通孔； 检查内丝	4		
6	吊装准备	安放多层可调垫板并调整抄平	挂钩试起，保证吊车主钩位置、吊具及构件重心在竖直方向重合	6		
7		搅拌铺设袋装预拌坐浆料	均匀搅拌坐浆料，不出现干料，成品出现干料； 均匀铺设坐浆料，不均匀	10		
8	吊装	挂钩试起，保证吊车主钩位置、吊具及构件重心竖直方向重合	挂钩试起，保证吊车主钩位置、吊具及构件重心在竖直方向重合	10		
9		吊起 牵引 对孔摆正 落钩就位	楼梯吊起应慢起、稳升、缓放，吊运过程应保持稳定，不得偏斜摇摆扭转； 楼梯吊至安装位置附近有工人牵引； 对孔摆正，楼梯安装就位	20		
10		安装临时支撑，测量校正后锁紧临时支撑	垂直度测量符合 5mm 误差 支撑安装不少于 2 道， 调整支撑不熟练酌情扣 2 分，最后不拧紧扣 2 分	8		
11		水平缝塞浆	塞浆完整酌情扣分	2		
12	操作时间	操作时间	用时最短的得满分	20		
小组签名			评分合计	100		

6. 实训表

表 3 – 20　实训表

实践内容	完成楼梯吊装施工			
构件名称				
专业/班级				
小组成员/分工				

表 3 – 21　施工工序表

序号	工序	工作要点	人员	工具	备注

项目十三
装配式建筑连接技术

【项目工作页】

姓名		学号		班级		日期	
小组成员							
学习领域	装配式建筑连接技术			学业评分			
学习情境	掌握灌浆施工的步骤			教学课时			
指导老师				主要设备			
项目内容	熟悉钢筋套筒灌浆连接概念及应用及钢筋套筒灌浆连接材料和工具使用； 掌握钢筋套筒灌浆连接各关键点及钢筋套筒灌浆连接施工流程。						
项目任务描述	本项目针对装配式建筑钢筋套筒灌浆连接材料、工具使用及连接各关键点施工流程。						
项目学习 参考资源							

13.1 灌浆施工

13.1.1 灌浆料 灌浆套筒介绍

钢筋连接用灌浆套筒是采用铸造工艺或机械加工工艺制造,用于钢筋套筒灌浆连接的金属套筒,简称灌浆套筒。

图 3-40 灌浆套筒

灌浆套筒设置有灌浆孔和出浆孔。灌浆孔是用于加注灌浆料的入料口,出浆孔是用于加注灌浆料时通气并将注满后的多余灌浆料溢出的排料口。

图 3-41 灌浆套筒入料口、排料口

灌浆套筒两端均采用灌浆方式连接钢筋的接头为全灌浆套筒;一端螺纹连接一端灌浆连接的接头为半灌浆套筒。

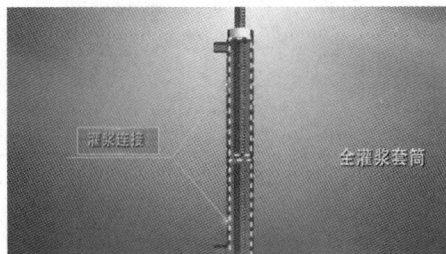

图 3 - 42　全灌浆套筒

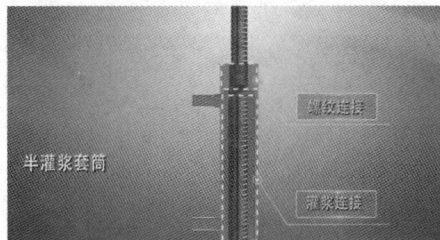

图 3 - 43　半灌浆套筒

钢筋连接用套筒灌浆料是以水泥为基本材料并配以细骨料、外加剂及其他材料混合而成的用于钢筋套筒灌浆连接的干混料，简称灌浆料。

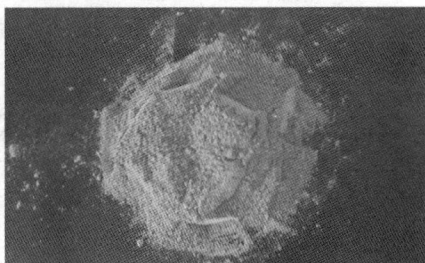

图 3 - 44　灌浆料

灌浆料按规定比例加水搅拌后，具有规定流动性，早强、高强及硬化后微膨胀等性能的浆体为灌浆料拌合物。

5.2　灌浆设备、器具介绍

套筒灌浆使用的主要设备、器具有：滚筒式搅拌机、空气压缩机、电子台秤、灌浆筒、钢丝软管、橡胶塞等。

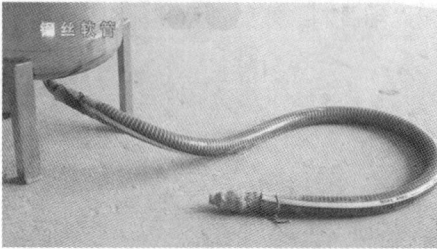

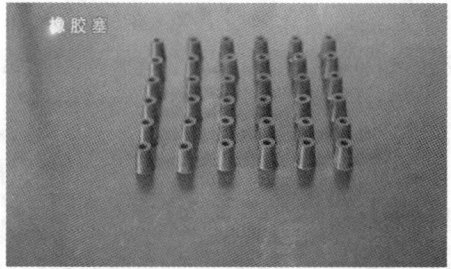

图 3 - 45　灌浆设备、器具

11.3　灌浆施工

11.3.1　灌浆分仓、封仓

预制墙板吊装就位、调校完成后,进行坐浆砂浆分仓、封仓等工序施工。

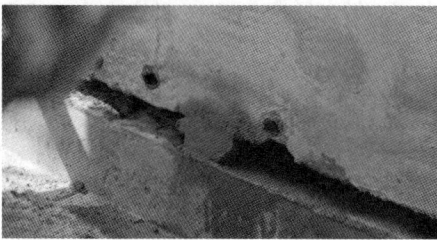

图 3 - 46　灌浆分仓

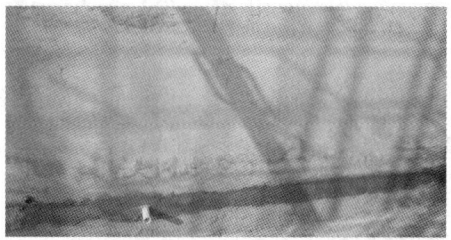

图 3 - 47　灌浆封仓

灌浆分仓必须遵循《钢筋套筒灌浆连接技术规程》的规定,当用连通腔灌浆方式时,每个连通灌浆区域(仓室长度)不宜超过 1500 mm。

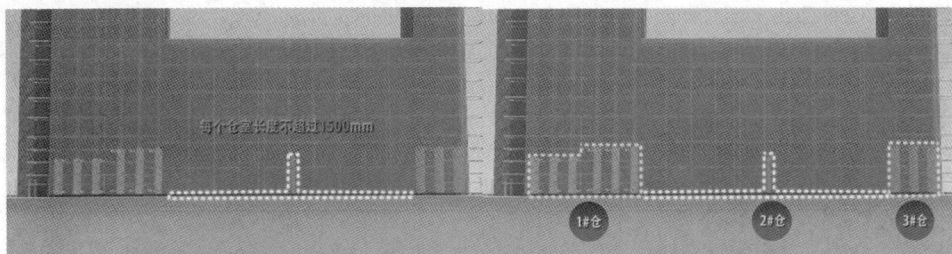

图 3-48　仓室长度

分仓施工时,应严格按照施工方案确定的分仓位置进行。

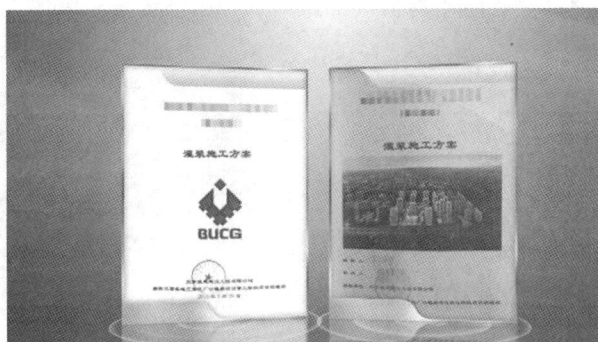

图 3-49　分仓位置

11.3.2　灌浆料搅拌

采用专业公司生产的连接用高性能灌浆料。

图 3-50　灌浆料

图 3-51　拌合工艺

严格按照规定配合比及拌合工艺拌制灌浆材料,搅拌时间约 10 min,直至出现均匀一致的浆体。

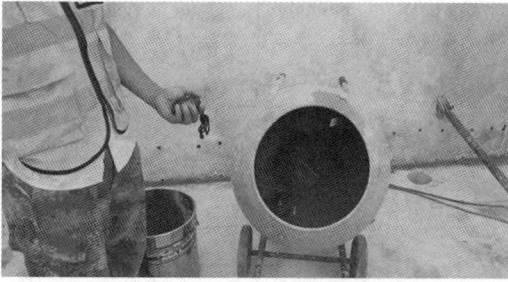

图 3-52 搅拌

图 3-53 静置

浆体需静置消泡后方可使用。静置时间为 2 min。浆体随用随搅拌，搅拌完成的浆体必须在 30 min 内用完。搅拌完成后不得再次加水。

图 3-54 静置消泡

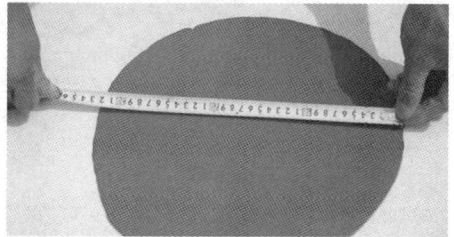

图 3-55 流动度

每工作班应检查灌浆料拌和物初始流动度不少于一次。初始流动度不得小于 300 mm。

11.3.3 灌浆试块，试件制作

每工作班灌浆施工过程中，灌浆料拌合物现场制作 40 mm × 40 mm × 160 mm 的试块 3 组。

图 3-56 试块 3 组

灌浆过程中，每一工作班同一规格，每 500 个灌浆套筒连接接头制作三个相同灌浆工艺

的平行试件，进行抗拉强度检验。

图 3 – 57 抗拉强度检验

检验结果应符合《钢筋机械连接技术规程》的要求。

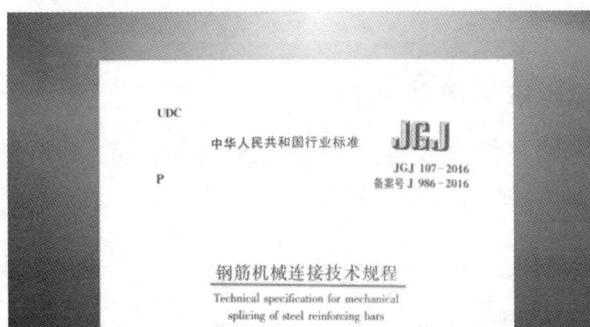

图 3 – 58 筋机械连接技术规程

11.3.4 灌浆

可采用手动灌浆枪或灌浆机进行灌浆，当灌浆料拌合物从构件其他灌浆孔、出将孔流出且无气泡后，应及时用橡胶塞封堵。

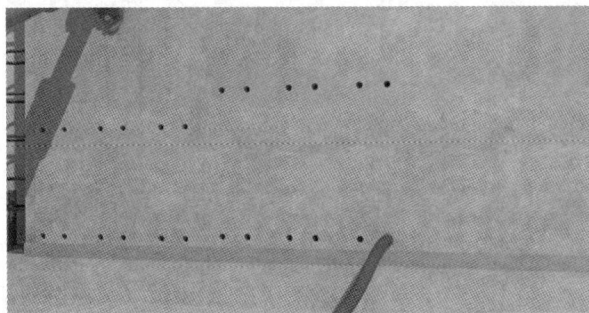

图 3 – 59 灌浆

11.3.5 灌浆仓保压

所有灌浆套筒的出浆孔均排出浆体并封堵后，调低灌浆设备的压力，开始保压
(0.1 MPa)1 min。

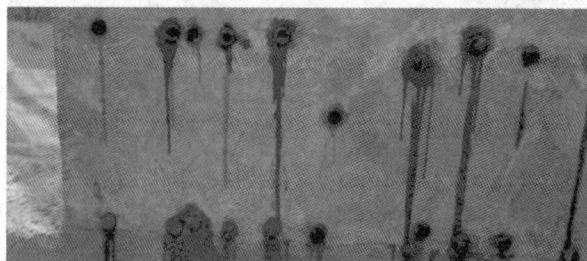

图 3-60 灌浆仓保压

11.3.6 填写灌浆施工检查记录表

灌浆施工必须由专职质检人员及经理人员全过程旁站监督，每块预制墙板均须填写《灌
浆施工检查记录表》，并留存照片和视频资料。

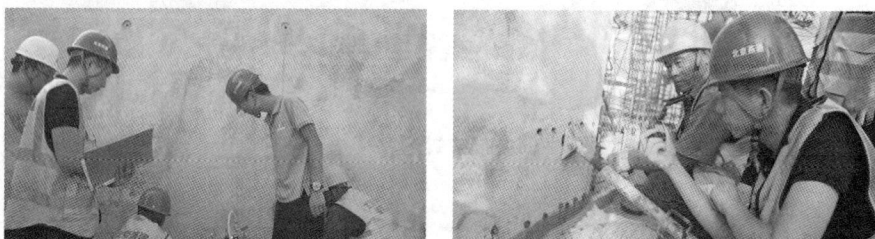

图 3-61 灌浆施工检查

灌浆施工检查记录表由灌浆作业人员、施工专职质检人员及监理人员共同签字确认。

图 3-62 灌浆施工检查记录表

11.3.7 作业面清理

施工完成后及时清理作业面，对于不可循环使用的建筑垃圾，应收集到现场封闭式垃圾站。

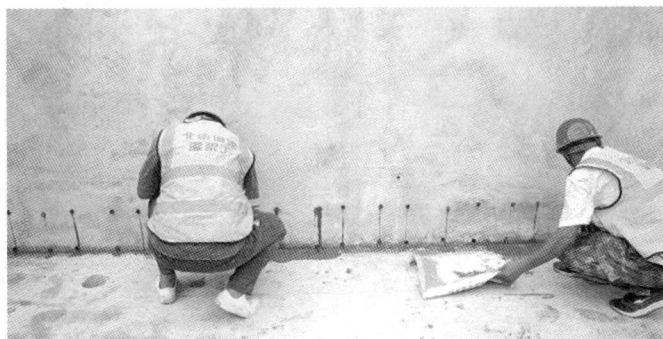

图 3 – 63　作业面清理

做到工完场清，以便后续施工。散落的灌浆料拌合物不得二次使用，剩余的拌合物不得再次添加灌浆料、水后混合使用。

11.4　后续工序施工

灌浆料同条件养护试件抗压强度达到 $35N/mm^2$ 后，方可进行对预制墙板有扰动的后续施工。

钢筋套筒灌浆连接是装配式混凝土结构建造中常用的一种钢筋连接方式，是施工中的一项关键工序，必须由经过专业培训，具有一定操作技能的专业技术工人来施工完成。在施工过程中，灌浆施工操作人员必须严格按照施工方案、技术交底进行施工，保证灌浆施工的质量，从而提升装配式混凝土建筑整体施工质量，促进装配式建筑全面发展。

实训五
套筒灌浆实训

1. 实训目的

熟悉套筒灌浆施工;

掌握各种工具、设备的使用方法。

2. 实训内容

分组完成套筒灌浆装施工。

3. 实训所需工具、设备清单

表 3-22　工具、设备清单

序号	分类	名称	规格型号	数量	单位	备注
1						
2						
3						
4						
5						
6						
7						
8						
9						
10						

4. 实训步骤

分组:将所有人分成若干小组,每组推选 1 名小组长,负责组内人员分配及职责分工。

布置任务:根据实训场条件,教师指定各组需完成的实践任务,并进行安全和技术交底工作。

小组完成实训:小组根据实训任务和技术文件等资料,进行人员分工,按时完成实训作业。

组内互评:实训结束后,组内总结并完成互评。

教师评分:教师根据实训考核评分表进行评分。

5. 实训考核评分表

表 3 – 23　实训考核评分表

序号	科目	考核	规范	分数	记录	评分
1	分仓封缝	工具与材料准备	准备仪器：测温仪、电子秤、刻度杯、不锈钢桶、水桶、手提变速搅拌机、灌浆泵	10		
2		制备封缝料	按说明操作	4		
3		分仓	当连通灌浆区内任意两个灌浆套筒最大距离超过 1.5m 时，需要分仓，单仓不超过 1.5m	3		
4		封缝	封缝外观	3		
5	灌浆料制备与检验	施工准备	准备灌浆料（打开包装袋检查灌浆料应无受潮结块或其他异常）和清洁水	4		
6		制备灌浆料	严格按照本批产品出厂检验报告要求的水料比制备灌浆料，搅拌均匀后，静置约 2 – 3 min，使浆内气泡自然排出后在使用	6		
7		流动度检验、强度试块	流动度范围 300 ~ 310 mm 满分	10		
8	灌浆连接	灌浆	用灌浆泵从接头下方灌浆孔处向套筒内压力灌浆；按操作动作评分	10		
9		封堵灌浆、出浆孔，巡视构件接缝处有无漏浆	接头灌浆时，待接头上方的排浆孔流出浆料后，及时用专用橡胶塞封堵	20		
10		灌浆料是否饱满	灌浆完成后不许扰动构件，5 min 后观察导浆管，检查灌浆料是否饱满，下降多少 mm	8		
11	工完料清	灌浆构件清洗	所有拌制工具灌浆工具设备均需清洗；	2		
12	操作时间	操作时间	用时最短的得满分 20 分	20		
小组签名			评分合计	100		

6. 实训表

表 3 – 24　实训表

实践内容	完成套筒灌浆施工			
构件名称				
专业/班级				
小组成员/分工				

表 3 – 25　施工工艺表

序号	工序	工作要点	人员	工具	备注

模块四

装配式建筑安装质量控制和验收组织

项目十四
预制构件进场验收

【项目工作页】

姓名		学号		班级		日期	
小组成员							
学习领域	预制构件吊装施工技术			学业评分			
学习情境	预制构件进场验收			教学课时			
指导老师				主要设备			
项目内容	1. 构件外观检验 2. 叠合板构件进场检验 3. 预制墙板构件进场检验 4. 预制梁、柱构件进场检验 5. 装饰构件进场检验 6. 运输与堆放						
项目任务描述	学习人员根据预制构件进场验收的相关内容，结合指导老师的指导和讲授，学习叠合板构件、预制墙板构件、预制梁、柱构件、装饰构件等的进场检验；穿插进行叠合板、预制墙板、预制梁柱的检测实操，以小组或独立的方式作业，完成本项目进场验收表的填写，最终完全掌握预制构件进场验收知识。						
项目学习参考资源							

14.1　一般规定

（1）进入现场的构件性能应符合设计要求，并具有完整的构件出厂质量合格证明文件、型式检验报告、现场抽样检测报告。

（2）专业企业生产的混凝土预制构件进场时，应按每批进场不超过1000个同类型预制构件为一批，在每批中应随机抽取1个构件进行结构性能检验报告或实体检验报告检查。钢筋混凝土构件和允许出现裂缝的预应力混凝土构件应进行承载力、挠度和裂缝宽度检验，不允许出现裂缝的预应力混凝土构件应进行承载力、挠度和抗裂检验；对大型构件及有可靠应用经验的构件、可只进行裂缝宽度、抗裂和挠度检验；对使用数量较少的构件，当能提供可靠依据时可不进行结构性能检验。

（3）构件进场时，应对构件上的预埋件、插筋和预留孔洞的规格、位置和数量进行全数检查。

（4）构件进场时，应对尺寸偏差进行全数检查，构件不应有影响结构性能、安装和使用功能的尺寸偏差。对超过尺寸允许偏差且影响结构性能和安装、使用功能有问题的部件，应按技术处理方案进行处理，并重新检查验收。

（5）混凝土构件的混凝土强度、钢筋直径、钢筋位置应全数检查，并符合设计要求。

（6）装饰混凝土构件应观察或用小锤敲打构件，检查其是否符合下列规定：

①采用彩色饰面构件的外表而应色泽一致。

②采用陶瓷类装饰面砖一次反打成型构件，面砖应黏结牢固、排列平整、间距均匀。

（7）夹心保温墙板应按每种规格抽查3块构件测量保温材料厚度；核查出厂合格证明文件、型式检验报告；检查热工性能是否符合设计要求。

（8）叠合构件进厂时，应检查其端部钢筋留出长度和上部粗糙面是否符合设计要求，当粗糙面设计无具体要求时，可采用拉毛或凿毛等方制作粗糙面。粗糙面凹凸深度不应小于4 mm。

14.2　构件外观检验

构件外观尺寸允许偏差及检验方法应符合表4-1的规定。构件有粗糙面时，与粗糙面相关的尺寸允许偏差，可适当放宽。在同一检验批内，对梁、柱、墙和板应抽查构件数量的10%，且不少于3件；对大空间结构墙可按相邻轴线间高度5 m左右划分检查面，板可按纵、横轴线划分检查面，抽查10%，且均不少于3面。

表4-1 构件外观尺寸允许偏差及检验方法

项目		允许偏差/mm	检验方法
外观质量		不宜有一般缺陷,对已出现的一般缺陷,应按技术处理方案进行处理,并重新验收	观察,检查技术处理方案
长度偏差	板、梁	+10~-5	钢尺检查
	柱	+5~-10	
	墙板	±5	
	薄腹梁、桁架	+15~-10	
宽度、高(厚)度偏差		±5	钢尺量一端及中部,取其中较大值
侧向弯曲	梁、柱、板	不大于$L/750$,且不大于20 mm	拉线、钢尺量最大侧向弯曲处
	墙板、薄腹梁、桁架	不大于$L/1000$,且不大于20 mm	
预埋件	中心位移	≤10	钢尺检查
	螺栓位移	≤5	
	螺栓外露长度偏差	+10~0	
预留孔中心位移		≤5	钢尺检查
预留洞中心位移		≤15	钢尺检查
主筋保护层厚度偏差	板	+5~-3	钢尺或保护层厚度测定仪式量测
	梁、柱、墙板、薄腹梁、桁架	+10~-5	
板、墙板对角线差		≤10	钢尺量两个对角线
板、墙板、柱、梁表面平整度		≤5	2m靠尺和塞尺检查
梁、墙板、薄腹梁、桁架预应力构件预留孔道位置偏差		≤3	钢尺检查
翘曲	板	≤$L_2/750$	调平尺在两端量测
	墙板	≤$L_2/1000$	

注:L为构件长度/mm。

14.3 运输与堆放

（1）应制订预制构件的运输与堆放方案，其内容应包括运输时间、次序、堆放场地、运输线路、固定要求、堆放支垫及成品保护措施等。对于超高、超宽、形状特殊的大型构件的运输和堆放，应有专门的质量安全保证措施。

（2）预制构件的运输车辆应满足构件尺寸和载重要求，装卸与运输时应符合下列规定。

①装卸构件时，应采取保证车体平衡的措施；

②运输构件时，应采取防止构件移动、倾倒、变形等的固定措施；

③运输构件时，应采取防止构件损坏的措施，对构件边角部或链索接触处的混凝土，宜设置保护衬垫。

（3）预制构件堆放应符合下列规定。

①堆放场地应平整、坚实，并应有排水措施；

②预埋吊件应朝上，标识宜朝向堆垛间的通道；

③构件支垫应坚实，垫块在构件下的位置宜与脱模、吊装时的起吊位置一致；每层构件间的垫块应上下对齐。

④堆放预应力构件时，应根据构件起拱值的大小和堆放时间采取相应措施。

⑤预制构件运送到施工现场后，应按规格、品种、使用部位、吊装顺序分别设置存放场地。存放场地应设置在吊装设备的有效起重范围内，且应在堆垛之间设置通道；

⑥构件的存放架应足够的抗倾覆性能；

⑦构件运输和存放对已完成结构、基坑有影响时，应计算复核；

⑧柱、梁等细长构件存放应平放，采用两条垫木支撑。

⑨外墙板、楼梯宜采用托架立放，上部两点支撑。构件带有门窗框和外装饰材料时，其表面宜采用塑料薄膜或其他保护措施。

⑩构件连接套管、预埋螺母孔应采取封堵措施。

（4）墙板的运输与堆放应符合下列规定。

①当采用靠放架堆放或运输构件时，靠放架应具有足够的承载力和刚度，与地面倾斜角度宜大于80°；墙板宜对称靠放且外饰面朝外，构件上部宜采用木垫块隔离；运输时构件应采取固定措施。

②当采用插放架直立堆放或运输构件时，宜采取直立运输方式；插放架应有足够的承载力和刚度，并应支垫稳固。

③采用叠层平放的方式堆放或运输构件时，应采取防止构件产生裂缝的措施。

（5）堆垛层数应根据堆放场地的地基承载力和构件、垫木或垫块的强度及堆垛的稳定性确定，并应符合下列规定。

①预制柱、梁堆置层数不宜超过3层，且高度不宜超过2.0 m；

②预制叠合梁堆置层数不宜超过2层，且高度不宜超过2.0 m；

③预制墙、预制叠合板堆置层数不宜超过6层，且高度不宜超过2.0 m。

实训六
构件进场检验

1. **实训目的**

熟悉构件进场检验；

掌握各种工具、设备的使用方法。

2. **实训内容**

分组完成构件进场检验表。

3. **实训所需工具、设备清单**

表4-2　工具、设备清单

序号	分类	名称	规格型号	数量	单位	备注
1						
2						
3						
4						
5						
6						
7						
8						
9						
10						

4. **实训步骤**

分组：将所有人分成若干小组，每组推选1名小组长，负责组内人员分配及职责分工。

布置任务：根据实训场条件，教师指定各组需完成的实践任务，并进行安全和技术交底工作。

小组完成实训：小组根据实践任务和技术文件等资料，进行人员分工，按时完成实践作业。

组内互评：实训结束后，组内总结并完成互评。

教师评分：教师根据实训考核评分表进行评分。

表 4-3 叠合板构件进场的检测

		验收项目			设计要求及规范规定	样本总数	最小/实际抽样数量	检查记录	检查结果
主控项目	1	预制构件质量证明文件							
	2	主要受力钢筋保护层厚度							
	3	预制构件外观质量严重缺陷							
	4	预制构件预埋预留数量、规格							
一般项目	1	预制构件标识							
	2	外观质量一般缺陷							
	3	预制楼板类构件尺寸允许偏差 mm	规格尺寸	长度	<12m	±5				
					≥12m 且 <18m	±10				
					≥18m	±20				
				宽度	±5				
				厚度	±5				
			对角线差		6				
			外形	表面平整度	内表面	4				
					外表面	3				
				楼板侧向弯曲	$L/750$ 且 ≤20				
				扭翘	$L/750$				
			预埋部件	预埋钢板	中心位置偏差	5				
					平面高差	0, -5				
				预埋螺栓	中心位置偏差	2				
					外露长度	+10, -5				
				预埋线盒、电盒	中心位置偏差	10				
					与表面砼高差	0, -5				
			预留孔	中心位置偏差	5				
				孔尺寸	±5				
			预留洞	中心位置偏差	5				
				洞口尺寸、深度	±5				
			预留插筋	中心位置偏差	3				
				外露长度	±5				
			吊环、木砖	中心位置偏差	10				
				留出高度	0, -10				
			桁架钢筋高度		+5, 0				
	4	粗糙面的质量及键槽的数量							
	施工单位检查结果			专业工长:　　　　　　　专业质量检查员: 　　　　　　　　　　　　　　年　月　日						
	监理单位验收结论			专业监理工程师(建设单位项目专业技术负责人): 　　　　　　　　　　　　　　年　月　日						

120

表 4 - 4 预制墙板构件进场的检测

		验收项目			设计要求及规范规定	样本总数	最小/实际抽样数量	检查记录	检查结果
主控项目	1	预制构件质量证明文件							
	2	主要受力钢筋保护层厚度							
	3	预制构件外观质量严重缺陷							
	4	预制构件预埋预留数量、规格							
一般项目	1	预制构件标识							
	2	外观质量一般缺陷							
	3	预制墙板类构件尺寸允许偏差 mm	规格尺寸	高度、宽度	±4				
				厚度	±3				
			对角线差		5				
			外形	表面平整度 内表面	4				
				外表面	3				
				侧向弯曲	L/1000 且≤20				
				扭翘	L/1000				
			预埋部件	预埋钢板 中心位置偏差	5				
				平面高差	0，-5				
				预埋螺栓 中心位置偏差	2				
				外露长度	+10，-5				
				预埋套筒、螺母 中心位置偏差	2				
				与表面砼高差	0，-5				
			预留孔、洞	中心位置偏差	5				
				孔、洞尺寸	±5				
			预留插筋	中心位置偏差	3				
				外露长度	±5				
			吊环、木砖	中心位置偏差	10				
				留出高度	0，-10				
			键槽	中线位置偏差	5				
				长度、宽度	±5				
				深度	±5				
			灌浆套筒及连接钢筋	灌浆套筒中心位置	2				
				连接钢筋中心位置	2				
				连接钢筋外露长度	+10，0				
	4	粗糙面的质量及键槽的数量							
施工单位检查结果					专业工长： 专业质量检查员： 年 月 日				
监理单位验收结论					专业监理工程师(建设单位项目专业技术负责人)： 年 月 日				

表 4-5 预制梁柱构件进场的检测

		验收项目			设计要求及规范规定	样本总数	最小/实际抽样数量	检查记录	检查结果
主控项目	1	预制构件质量证明文件							
	2	主要受力钢筋保护层厚度							
	3	预制构件外观质量严重缺陷							
	4	预制构件预埋预留数量、规格							
一般项目	1	预制构件标识							
	2	外观质量一般缺陷							
	3	预制梁柱构件尺寸允许偏差 mm	规格尺寸	长度	<12 m	±5				
					≥12m 且 <18m	±10				
					≥18m	±20				
				宽度、厚度	±5				
			对角线差		6				
			平整度		4				
			侧向弯曲		L/750 且 ≤20				
			预埋部件	预埋钢板	中心位置偏差	5				
					平面高差	0, -5				
				预埋螺栓	中心位置偏差	2				
					外露长度	+10, -5				
			预留孔	中心位置偏差	5				
				孔尺寸	±5				
			预留洞	中心位置偏差	5				
				洞口尺寸、深度	±5				
			预留插筋	中心位置偏差	3				
				外露长度	±5				
			吊环	中心位置偏差	10				
				留出高度	0, -10				
			键槽	中线位置偏差	5				
				长度、宽度	±5				
				深度	±5				
			灌浆套筒及连接钢筋	灌浆套筒中心位置	2				
				连接钢筋中心位置	2				
				连接钢筋外露长度	+10, 0				
	4	粗糙面的质量及键槽的数量							

施工单位检查结果	专业工长：　　　　　　　专业质量检查员： 　　　　　　　　　　　　年　月　日
监理单位验收结论	专业监理工程师(建设单位项目专业技术负责人)： 　　　　　　　　　　　　年　月　日

122

项目十五
装配式混凝土结构工程施工验收

【项目工作页】

姓名		学号		班级		日期	
小组成员							
学习领域	预制构件吊装施工技术			学业评分			
学习情境	装配式混凝土结构工程施工验收			教学课时			
指导老师				主要设备			
项目内容	1.装配式混凝土结构安装前准备 2.装配式混凝土构件安装尺寸要求 3.预制柱、梁安装检验 4.预制楼板安装检验 5.预制墙板安装检验 6.其他预制构件安装检验 7.装配式混凝土结构连接规定 8.套筒灌浆质量管理规定 9.外墙防水质量管理规定						
项目任务描述	学习人员根据预制构件施工验收的相关内容,结合指导老师的指导和讲授,学习预制构件安装、预制构件连接节点、套筒灌浆隐蔽工程等检验批检验;穿插进行预制构件施工验收实操,以小组或独立的方式工作,完成本项目进场验收表的填写,最终完全掌握预制构件施工验收知识。						
项目学习 参考资源							

15.1 装配式混凝土结构安装

15.1.1 安装前准备

（1）混凝土构件安装施工前，应核对图纸，观察构件的品种、规格和尺寸是否符合设计要求，构件应在明显部位标明工程名称、生产单位、构件型号、生产日期和质量验收内容。

（2）安装施工前应进行测量放线、设置构件安装定位标识。测量放线应符合国家标准《工程测量规范》GB 50026 的有关规定。

构件安装准确与否与测量定位有主要关系，测量定位为装配式工艺的关键控制点。装配式住宅中轴线设置应遵循每栋建筑物的轴线不得少于四条的原则，即纵、横向各两条，当建筑物长度超过 50 米时，可增附加横向控制线。预制剪力墙安装、预制叠合板安装、预制楼梯踏步安装除提供轴线定位外，标高需要进行二次复核，确保构件安装标高准确。

（3）预制构件进场验收后，可根据构件编号和吊装计划的吊装序号在构件上标出序号，并在图纸上标出序号位置以便安装。

（4）构件安装施工前，应核对已施工完成结构、基础的外观质量和尺寸偏差，确认混凝土强度和预留预埋件符合设计要求，并核对预制构件的混凝土强度及预制构件和配件的型号、规格、数量等是否符合设计要求。

（5）安装施工前，应复核吊装设备的吊装能力。应按现行行业标准《建筑机械使用安全技术规程》JGJ 33 的有关规定，检查复核吊装设备及吊具处于安全操作状态，核实现场环境、天气、道路状况等是否满足吊装施工要求。防护系统应按照施工方案进行搭设、验收，应符合下列规定：

①工具式外防护架应试组装并全面检查，附着在构件上的防护系统应复核其与吊装系统的协调；

②防护架应经计算确定；

③高处作业人员应正确使用安全防护用品，宜采用工具式操作进行安装作业。

图 4-1 安全宣传

15.1.2 装配式混凝土构件安装尺寸要求

表 4－6　预制构件安装尺寸允许偏差及检验方法

项目			允许偏差/mm	检验方法
构件中心线对轴线位置	基础		15	经纬仪及尺量
	竖向构件(柱、墙、桁架)		8	
	水平构件(梁、板)		5	
构件标高	梁、柱、墙、板底或顶面		±5	水准仪或拉线、尺量
垂直度	柱、墙	≤6	5	经纬仪或吊线、尺量
		>6	10	
倾斜度	梁、桁架		5	经纬仪或吊线、尺量
相邻构件平整度	板端面		5	2m 靠尺和塞尺测量
	梁、板底面	外露	3	
		不外露	5	
	柱墙侧面	外露	5	
		不外露	8	
构件搁置长度	梁、板		±10	尺量
支座、支垫中心位	板、梁、柱、墙、桁架		10	尺量
墙板接缝	宽度		±5	尺量

图 4－2　柱安装检查

15.1.3 预制柱安装检验

预制柱安装应符合以下要求，尺寸偏差应符合表4－7要求。

①宜按照角柱、边柱、中柱顺序进行安装，与现浇部分连接的柱宜先行吊装；

②预制柱的就位以轴线和外轮廓线为控制线，对于边柱和角柱，应以外轮廓线控制为准；

③就位前应设置柱底调平装置，控制柱安装标高；

④预制柱安装就位后应在两个方向设置可调节临时固定措施，并应进行垂直度、扭转调整；

⑤采用灌浆套筒连接的预制柱调整就位后，柱脚连接部位宜采用模板封堵。

图4－3　梁安装检验

15.1.4 预制梁安装检验

预制梁安装应符合以下要求，尺寸偏差应符合表4－7要求。

①梁吊装顺序应遵循先主梁后次梁、先低后高的原则。

②预制梁安装前，应测量并修正柱顶标高，确保与梁底标高一致，柱上弹出梁边控制线。

③预制梁安装前，应复核柱钢筋与梁钢筋位置、尺寸，对梁钢筋与柱钢筋安装有冲突的，应按经设计部门确认的技术方案调整。梁柱核心区箍筋安装应按设计文件要求进行。

④预制梁安装过程应在临时支撑撑紧后，方可松开吊钩。

⑤预制梁安装时，如经施工验算可采用无支撑施工方案时，预制梁搁置的二端应有设置混凝土牛腿托座或设置临时钢牛腿，增大预制梁搁置长度。

⑥预制梁安装就位后应对水平度、安装位置、标高进行检查。根据控制线对梁端和两侧进行精密调整。

⑦预制梁吊装就位后，松脱吊钩应待支撑架的上部小型钢或枕木撑紧后才能松钩，应有防止小型钢或枕木掉落的措施。

⑧预制梁安装时，主梁和次梁伸入支座的长度与搁置长度应符合设计要求。

⑨预制次梁与预制主梁之间的凹槽应在预制楼板安装完成后，采用不低于预制梁混凝土

强度等级的材料填实。

表 4 - 7　预制梁、柱安装允许的尺寸偏差

项目	允许偏差/mm	检验方法
梁、柱轴线位置	5	基准线和钢尺测量
梁、柱标高偏差	3	水准仪或拉线、钢尺测量
梁搁置长度	±10	钢尺测量
柱垂直度	3	2m靠尺或吊线测量
柱全高垂直度	$H/1000$ 且 ≤30	经纬仪测量

注：H 为室外地坪到建筑物最高点的垂直高度（mm）。

图 4 - 4　楼梯安装检验

15.1.5　预制楼板安装检验

预制楼板安装应符合以下要求，尺寸偏差应符合表 4 - 8 要求。

（1）预制楼板安装前，应复核预制板构件端部和侧边的控制线，以及支撑搭设情况是否满足要求。

（2）预制楼板安装应通过微调垂直支撑来控制水平标高。

（3）预制楼板安装时，应保证水电预埋管、孔位置准确。

（4）预制楼板吊至梁、墙上方 30 ~ 50 cm 后，应调整板位置使板锚固筋与相邻钢筋错开，根据梁、墙上已放出的板边和板端控制线准确就位，板就位后调节支撑立杆，确保所有立杆全部受力。

（5）预制叠合楼板按吊装顺序依次铺开，不宜间隔吊装。在混凝土浇筑前，应校正预制构件的外露钢筋，外伸预留钢筋伸入支座时，预留筋不得弯折。

（6）相邻叠合楼板间拼缝及预制楼板与预制墙板位置拼缝应符合设计要求，并有防止裂缝的措施。施工集中荷载或受力较大部位应避开拼接位置。

127

表4-8 预制楼板安装允许偏差

项目	允许偏差/mm	检验方法
轴线位置	5	基准线和钢尺测量
标高偏差	±3	水准仪或拉线、钢尺测量
相邻构件平整度	3	2m靠尺或吊线测量
相邻楼板接缝宽度偏差	±3	钢尺测量
楼板搁置长度	±10	钢尺测量

图4-5 墙板安装检验

15.1.6 预制墙板安装检验

预制剪力墙安装应符合以下要求,尺寸偏差应符合表4-9要求。

(1)预制剪力墙板安装过程应设置底部限位装置,限位装置应不少于2个,间距不宜大于4 m。

(2)与现浇部分连接的墙板宜先行吊装,其他宜按照外墙先行吊装的原则进行吊装。

(3)构件底部应设置可调整接缝间隙和底部标高的垫块等调平装置。

(4)采购灌浆套筒连接、浆锚搭接连接的夹心保温外墙板应在保温材料部位采用弹性密封材料进行封堵。

(5)采用灌浆套筒连接、浆锚搭接连接的墙板需要分仓灌浆时,应采用坐浆料进行分仓;多层剪力墙采用坐浆时应均匀铺设坐浆料;坐浆料强度应满足设计要求。

(6)墙板安装就位后进行墙板拼缝处附加钢筋安装,附加钢筋应与现浇段钢筋网交叉点全部绑扎牢固。

(7)连接就位后其底部连接部位宜采用模板封堵;墙板底部采用坐浆时,其厚度不宜大于20 mm。

(8)安装就位后应设置可调斜撑临时固定,测量预制墙板的水平位置、垂直度、高度等,通过墙底垫片、临时斜支撑进行调整。

（9）墙板以轴线和轮廓线为控制线，外墙应以轴线和外轮廓线双控制。

（10）预制墙板安装垂直度应以满足外墙板面垂直为主。

（11）预制墙板拼缝校核与调整应以竖缝为主，横缝为辅。

（12）预制墙板阳角位置相邻板的平整度校核与调整，应以阳角垂直度为基准进行调整。

（13）楼板上预留的用于固定墙板临时支撑的预埋件应定位准确，预埋件的连接部位应有防污染措施。

表4-9 预制墙板安装的允许偏差

项目	允许偏差/mm	检验方法
单块墙板轴线位置	5	基准线和钢尺测量
单块墙板顶标高偏差	±3	水准仪或拉线、钢尺测量
单块墙板垂直度偏差	3	2 m靠尺线测量
相邻墙板高低差	2	钢尺测量
相邻墙板平整度偏差	4	2 m靠尺或塞尺测量
相邻墙板接缝宽度偏差	±3	钢尺测量
建筑物全高垂直度	$H/1000$ 且 $\leqslant 30$	经纬仪、钢尺测量

注：H为室外地坪到建筑物最高点的垂直主高度(mm)。

图4-6 阳台安装检验

15.1.7 其他预制构件安装检验

其他预制构件安装应符合以下要求，尺寸偏差应符合表4-10要求。

（1）预制楼梯安装前应复核楼梯的控制线及标高，并做好标记。

（2）预制楼梯安装位置准确，当采用预留锚固钢筋方式安装时，应先放置预制楼梯，再与现浇梁或板浇筑连接成整体，并保证预埋钢筋锚固长度和定位符合设计要求。当采用预制楼梯与现浇梁或板之间采用预埋件焊接或螺栓杆连接方式时，应先施工现浇梁或板，再搁置预制楼梯进行焊接或螺栓孔灌浆连接。

（3）悬挑阳台板安装前应设置防倾覆支撑架，支撑架应在结构楼层混凝土强度达到设计要求后，方可拆除。

129

（4）悬挑阳台板施工荷载不得超过设计的允许荷载值。

（5）预制阳台板预留锚固钢筋应伸入现浇结构内，并应与现浇混凝土结构连成整体。

（6）预制空调板安装时，板底应采用临时支撑措施。

（7）预制空调板与现浇结构连接时，预留锚固钢筋应伸入现浇结构部分，并应与现浇结构连成整体。

（8）预制空调板采用插入式安装方式时，连接位置应设预埋连接件，并应与预制墙板的预埋连接件连接，空调板与墙板交接的四周防水槽口应嵌填防水密封胶。

表 4 – 10　阳台板、空调板、楼梯安装允许偏差

项目	允许偏差/mm	检验方法
轴线位置	5	基准线和钢尺测量
标高偏差	±3	水准仪或拉线、钢尺测量
相邻构件平整度	4	2m 靠尺或吊线测量
楼板搁置长度	±10	钢尺测量

15.2　装配式混凝土结构连接

15.2.1　一般规定

（1）钢筋套筒的规格、质量应符合设计要求，套筒与钢筋连接的质量应符合设计要求。现场安装时，应提供钢筋套筒的质量证明文件和套筒与钢筋连接的抽样检测报告。

（2）装配式混凝土结构连接节点前，应进行隐蔽工程验收。隐蔽工程验收应包括下列主要内容。

①混凝土粗糙面的质量，键槽的尺寸、数量、位置；

②钢筋的牌号、规格、数量、位置、间距，箍筋弯钩的弯折角度及平直段长度；

③钢筋的连接方式、接头位置、接头数量、接头面积百分率、搭接长度、锚固方式及锚固长度；

④预埋件、预留管线的规格、数量、位置；

⑤预制混凝土构件接缝处防水、防火等构造做法；

⑥保温及其节点施工；

⑦其他隐蔽项目。

（3）采用钢筋套筒灌浆连接、钢筋浆锚搭接连接的预制构件施工，应符合下列规定。

①现浇混凝土中伸出的钢筋应采用专用模具进行定位，并采用可靠的固定措施控制连接钢筋的中心位置及外露长度应满足设计要求；

②构件安装前应检查套筒、预留孔的规格、位置、数量和深度；当套筒、预留孔内有杂物时应清理干净；

③应检查被连接钢筋的规格、数量、位置和长度。当连接钢筋倾斜时应进行校直；连接钢筋偏离套筒或空洞中心线不宜超过 3 mm。连接钢筋中心位置存在严重偏差，应会同设计单位制订专项处理方案，严禁随意切割、调整。

（4）钢筋采用套筒灌浆连接、浆锚搭接连接时，灌浆应饱满密实，所有出口均应出浆。

检查数量：全数检查

（5）钢筋套筒灌浆连接及浆锚搭接连接用的灌浆料强度应符合国家现行有关标准的规定及设计要求。

检查数量：按批检验，以每层为一检验批；每工作班应制作一组且每层不应少于 3 组 40 mm×40 mm×160 mm 的长方体试件，标准养护 28 d 后进行抗压强度试验。

图 4 – 7　套筒检验

（6）构件连接部位后浇混凝土及灌浆料的强度达到设计要求后，方可拆除临时支撑系统。

15.2.2　套筒灌浆质量管理规定

（1）施工单位应当在钢筋套筒灌浆连接施工前，单独编制套筒灌浆连接专项施工方案。专项施工方案应当由施工单位技术负责人审核签字、加盖单位公章，经总监理工程师审查签字、加盖执业印章后方可实施。专项施工方案中应明确吊装灌浆工序作业的时间节点、灌浆料拌合、分仓设置、补灌工艺和坐浆工艺等要求。

（2）灌浆施工人员须进行灌浆操作培训，经考核合格后方可上岗。

（3）施工单位应按要求对灌浆料、套筒、分仓材料、封堵材料和坐浆料等材料进行报审，监理单位审核通过方可使用。施工单位应核验进场灌浆料、套筒相匹配备案情况，不相匹配则，不得使用。

（4）灌浆料进场时，施工单位应按规定随机抽取灌浆料进行性能检验。在灌浆施工过程中，施工单位应当按规定留置灌浆料标准养护 28 d 抗压强度试件，并应当留置同条件养护抗压强度试件。

（5）施工现场应有符合要求的接头试件型式检验报告。钢筋套筒灌浆接头工艺检验和接头抗拉强度的试件应由施工现场实际灌浆施工人员在见证人员的见证下制作，接头检测报告上应明确灌浆施工人员及其单位。

（6）施工单位应根据灌浆料特性、灌浆工艺要求使用注浆压力等参数符合要求的灌浆机，并报监理单位审核同意。

（7）实行灌浆令制度。每个班组每天灌浆施工前应签发一份灌浆令。

（8）施工单位应明确专职检验人员，对钢筋套筒灌浆施工进行监督并记录，钢筋套筒灌浆施工应由监理人员旁站监督，并进行旁站记录。

（9）施工单位应当对钢筋套筒灌浆施工进行全过程视频拍摄，该视频作为施工单位的工程施工资料留存。视频内容必须包含灌浆施工人员、专职检验人员、旁站监理人员、灌浆部位、预制构件编号、套筒顺序编号、灌浆出浆完成情况等信息。视频格式宜采用常见数码格式。视频拍摄以一个构件的灌浆为段落，宜定点连续拍摄。

（10）竖向钢筋套筒灌浆施工时，出浆孔未流出圆柱体灌浆料拌合物不得进行封堵，持压时间不得低于规范要求；水平钢筋套筒灌浆施工时，灌浆料拌合物的最低点低于套筒外表面不得进行封堵。

（11）灌浆施工后，施工单位和监理单位相关人员必须对出浆孔内灌浆料拌合物情况实施检查：当采用竖向钢筋连接套筒时，灌浆料加水拌合 30 min 内，一经发现出浆孔空洞明显，应及时进行补灌；采用水平钢筋连接套筒施工停止后 30 s 内，一经发现灌浆料拌合物下降，应检查灌浆套筒的密封或灌浆料拌合物排气情况，并及时补灌。补灌后，施工单位和监理单位必须进行复查。

（12）各监督机构应严格按照本通知要求，加强对装配整体式混凝土结构工程钢筋套筒灌浆连接施工过程中的质量监管，重点抽查灌浆施工过程中的灌浆令、灌浆施工记录表及相关视频资料等。

图 4 - 8　灌浆施工记录

15.2.3　外墙防水质量管理规定

外墙板接缝防水施工应符合下列规定。
（1）防水施工前，应将板缝空腔清理干净；
（2）应按设计要求填塞背衬材料；

(3)密封材料嵌填应饱满、密实、均匀、顺直、表面平滑，其厚度应满足设计要求。

外墙板接缝的防水性能应符合设计要求。

检验数量：按批检验。每1000 m^{2}外墙9(含窗)面积应划分为一个检验批，不足1000 m^{2}时也应划分为一个检验批；每个检验批至少抽查一处，抽查部位应为相邻两层4块墙板形成的水平和竖向十字接缝区域，面积不得少于10 m^2。

检验方法：现场淋水试验。淋水的重点是墙板十字接缝处、预制墙板与现浇结构连接处以及窗框部位，淋水时宜使用消防水龙带对试验部位进行喷淋。外部检查打胶部位是否有脱胶现象，排水管是否排水顺畅，内侧仔细观察是否有水印、水迹。发现有局部渗漏部位必须认真做好记录查找原因及时处理，必要时可在墙板内侧加设一道聚氨酯防水密封胶，提高放渗漏安全系数。

实训七
预制构件安装验收

1. 实训目的

熟悉预制构件安装验收；

掌握各种工具、设备的使用方法。

2. 实训内容

分组完成预制构件安装验收。

3. 实训所需工具、设备清单

表4-11　工具、设备清单

序号	分类	名称	规格型号	数量	单位	备注
1						
2						
3						
4						
5						
6						
7						
8						
9						
10						

4. 实训步骤

分组：将所有人分成若干小组，每组推选1名小组长，负责组内人员分配及职责分工。

布置任务：根据实训场条件，教师指定各组需完成的实践任务，并进行安全和技术交底工作。

小组完成实训：小组根据实践任务和技术文件等资料，进行人员分工，按时完成实践作业。

组内互评：实训结束后，组内总结并完成互评。

教师评分：教师根据实训考核评分表进行评分。

表 4 – 12　预制构件安装检验批质量验收

		验收项目			设计要求及规范规定	样本总数	最小/实际抽样数量	检查记录	检查结果
主控项目	1	预制构件与结构之间的连接							
	2	接头或拼缝混凝土强度							
	3	预制构件安装临时固定措施							
一般项目	1	安装尺寸允许偏差mm	构件中心线对轴线位置	基础	15				
				竖向构件(柱、墙)	8				
				水平构件(梁、板)	5				
			构件标高	梁、柱、墙、板底面或顶面	±5				
			构件垂直度	柱、墙　≤6m	5				
				柱、墙　>6m	10				
			构件倾斜度	梁	5				
			相邻构件平整度	板端面	5				
				梁、板底面　外露	3				
				梁、板底面　不外露	5				
				柱墙侧面　外露	5				
				柱墙侧面　不外露	8				
			构件搁置长度	梁、板	±10				
			支座、支垫中心位置	板、梁、柱、墙	10				
			墙板接缝	宽度	±5				

施工单位检查结果	专业工长：　　　　　　专业质量检查员： 年　月　日
监理单位验收结论	专业监理工程师(建设单位项目专业技术负责人)： 年　月　日

表 4–13　装配式结构连接节点检验批质量验收

		验收项目			设计要求及规范规定	样本总数	最小/实际抽样数量	检查记录	检查结果
主控项目	1	灌浆套筒的质量					/		
	2	灌浆料的质量					/		
	3	灌浆应密实饱满					/		
	4	灌浆料试件的强度					/		
	5	坐浆料试件的强度					/		
	6	后浇部位混凝土的强度					/		
	7	焊接或机械连接接头质量							
	8	型钢焊接、螺栓连接的质量							
	9	后浇部位的外观质量不应有严重缺陷							
一般项目	1	后浇部位的外观质量不应有一般缺陷					/		
	2	装配式结构后浇位置和尺寸允许偏差 mm	轴线位置	柱、墙、梁		8	/		
			垂直度	层高	≤6m	10	/		
					>6m	12	/		
			标高	层高		±10	/		
			截面尺寸	柱、梁、板、墙		+10，−5	/		
				楼梯相邻踏步高差		5	/		
			表面平整度			8	/		
			预埋件中心位置	预埋板		10	/		
				预埋螺栓		5	/		
				预埋管		5	/		
				其他		10	/		
			预留洞、孔中心线位置			15	/		
	3	外露钢筋	中心位置			+3，0	/		
			外露长度、顶点标高			+15，0	/		
施工单位检查结果			专业工长：　　　　　　　　　　专业质量检查员： 年　月　日						
监理单位验收结论			专业监理工程师(建设单位项目专业技术负责人)： 年　月　日						

表 4 - 14 套筒灌浆隐蔽验收记录表

套筒灌浆隐蔽验收记录表				资料编号：		
单位名称：			工程名称：			
隐蔽部位			隐蔽日期			
依据及图号	施工图图号		适用标准			
	设计变更/洽商编号					
套筒合格证编号：			套筒试验编号			
隐蔽内容						
套筒规格						
数量(个)						
影像资料的部位						
序号	1	2	3	4	5	6	7
部位						
序号	8	9	10	11	12	13	14
部位						
序号	15	16	17	18	19	20	21
部位						
序号	22	23	24	25			
部位						
施工单位检查结果						
			年 月 日			
隐蔽验收结论						
			年 月 日			
复查结论						

复查人		复查日期		
施工单位	操作工	施工员	专业质检员	专业技术负责人
建设(监理)单位	建设单位项目专业技术负责人(监理工程师)			

表 4 –15 影像记录表

套筒灌浆隐蔽验收影像记录表		资料编号:
单位名称:	工程名称:	隐蔽部位:
拍摄图片		

	灌浆人
	拍摄时刻
	相交轴线编号
	具体点位
	灌浆人
	拍摄时刻
	相交轴线编号
	具体点位

138

项目十六
外围护及内装饰工程验收

【项目工作页】

姓名		学号		班级		日期	
小组成员							
学习领域	预制构件吊装施工技术			学业评分			
学习情境	外维护及内装饰工程验收			教学课时			
指导老师				主要设备			
项目内容	1. 预制外墙系统工程验收 2. 外门窗系统工程验收 3. 建筑幕墙系统工程验收 4. 屋面系统工程验收 5. 内装部品系统验收 6. 室内环境验收						
项目任务描述	学习人员根据设定的验收项目，结合指导老师的指导和讲授，学习预制外墙、外门窗、建筑幕墙、屋面、内装部品等系统验收；穿插进行外围护及内装饰工程验收实操，以小组或独立的方式作业，完成本项目进场验收表的填写，最终完全掌握外围护及内装饰工程验收知识。						
项目学习 参考资源							

16.1 外维护系统工程验收

外围护系统检测应包括预制外墙、外门窗、建筑幕墙、屋面等相关性能的检测。承接装配式住宅建筑外围护结构检测工作的检测机构，应符合相应地区建筑主管部门规定的相关能力要求。按本标准进行检测的人员，应受过专业技术培训并取得相应技术证书。

16.1.1 预制外墙

(1)预制外墙应进行抗压性能、层间变形、撞击性能、耐火极限等检测，并应符合现行相关国家、行业标准的规定。

图4-9 预制外墙验收

(2)装配式混凝土建筑外墙板接缝密封胶的外观质量检测应包括气泡、结块、析出物、开裂、脱落、表面平整度、注胶宽度、注胶厚度等内容，可用观察或尺量的方法进行检测。

(3)预制外墙应进行锚栓抗拉拔强度检测，锚栓抗拉拔强度的仪器应符合下列规定。

①拉拔仪需经有关部门计量认可；

②拉拔仪的读数分辨率宜为 0.01 kN，最大荷载宜为 5~10 kN；

③拉拔仪拉拔锚栓应配有合适的夹具，满足现场拉拔行程及受力接触的要求。

(4)锚栓拉拔强度检测前应进行下列准备工作。

①钻洞用冲击钻钻头应配置适当；

②钻洞深度应大于锚栓长度减去保温层厚度之差加 10 mm；

③应选择不同的典型基层墙体钻洞进行锚栓拉拔试验。

(5)预埋件与预制外墙连接应符合下列规定。

①连接件、绝缘片、紧固件的规格、数量应符合设计要求；

②连接件应安装牢固，螺栓应有防松脱措施；

③连接件的可调节构造应用螺栓牢固连接，并有防滑动措施；

④连接件与预埋件之间的位置偏差使用钢板或型钢焊接调整时，构造形式与焊缝应符合设计要求；

⑤预埋件、连接件表面防腐层应完整、不破损。

(6)检验预埋件与幕墙连接，应在预埋件与幕墙连接节点处观察，手动检查，并应采用分度值为 1 mm 的钢直尺和焊缝量规测量

(7)装配式住宅建筑外围护系统外饰面黏结质量的检测应包括饰面砖、石材外饰面的外观缺陷和空鼓率检测等内容。外观缺陷可采用目测或尺量的方法检测；空鼓率可采用敲击法或红外热像法检测；红外热像法检测按现行行业标准《红外热像法检测建筑外墙饰面黏结质量技术规程》JGJ/T 277 执行。

(8)预制外墙板接缝的防水性能采用现场淋水试验的方法进行检测，应符合现行行业标准《建筑防水工程现场检测技术规范》JGJ/T 299 的规定。

(9)装配式住宅建筑外围护系统涂装材料外观质量的检测，应符合现行国家标准《建筑装饰装修工程质量验收规范》GB 50210 的规定。

16.1.2　外门窗

(1)外门窗应进行气密性、水密性、抗风性能的检测。检测方法应符合现行国家标准《建筑外门窗气密、水密、抗风压性能分级及检测方法》GB/T 7106 的规定。

图 4 – 10　外门窗验收

(2)外门窗进行检测前，应对受检外门窗的观感质量进行目检，并应连续开启和关闭受检外门窗 5 次。当存在明显缺陷时，应停止检测。

(3)每樘受检外门窗的检测结果应取连续三次检测值的平均值。

(4)外窗气密性能的检测应在受检外窗几何中心高度处的室外瞬时风速不大于 3.3 m/s 的条件下进行。

50 外门窗的检测要求应符合下列规定：

①外门窗洞口墙与外门窗本体的结合部应严密；

②外窗口单位空气渗透量不应大于外窗本体的相应指标。

16.1.3 建筑幕墙

（1）建筑幕墙的检测项目及方法应符合现行行业标准《建筑幕墙工程检测方法标准》JGJ/T 324 的规定。

图 4-11 幕墙验收

（2）建筑幕墙进行现场检测时，应根据检测方案现场抽取具备检测条件的幕墙试件。检测组批及抽样数量应符合现行行业标准《建筑幕墙工程检测方法标准》JGJ/T 324 的规定，并应满足性能评定的最少数量要求。

16.1.4 屋面

（1）屋面应进行平整度、防水性能、排水性能等检测。检测方法应符合现行行业标准《建筑防水工程现场检测技术规范》JGJ/T 299 的规定。

图 4-12 屋面验收

(2)屋面施工完毕后,应进行蓄水试验。蓄水试验时应封堵试验区域内的排水口,且应符合下列规定。

①最浅处蓄水深度不应小于 25 mm,且不应大于立管套管和防水层收头的高度;

②蓄水试验时间不应小于 24 h,并应由专人负责观察和记录水面高度和背水面渗漏情况;

③出现渗漏时,应立即停止试验。

(3)蓄水试验发现渗漏水现象时,应记录渗漏水具体部位并判定该测区不合格。

(4)屋面施工完毕后,应进行排水性能检测。排水系统应迅速、及时地将雨水排至雨水灌渠或地面,且不应积水。

16.2 内装系统验收

装配式住宅建筑内装系统的检测应包括内装部品系统、室内环境质量等内容。内装部品系统安装完成 7 天后,在交付使用前应对功能区间进行室内环境质量检测。当被抽检室内环境污染物浓度的全部检测结果符合要求时,可判定室内环境质量合格。被抽检住宅室内环境污染物浓度检测不合格的,必须进行整改。再次检测时,检测数量增加 1 倍,并应包含原不合格房间及其同类型房间,再次检测结果全部符合要求时,方可判定室内环境质量合格。

16.2.1 内装部品系统

(1)装配式住宅建筑内装部品系统的检测应包括轻质隔墙系统、吊顶系统、地面系统、墙面系统、集成厨卫系统、固定家具与内门窗等。

图 4-13 内装部品验收

(2)轻质隔墙系统和墙面系统检测内容和要求应符合下列规定:

①固定较重设备和饰物的轻质隔墙,应对加强龙骨、内衬板与主龙骨的连接可靠性进行检测;预埋件位置、数量应符合设计要求;

②用手摸和目测检测隔墙整体感观,隔墙表面应平整光滑、色泽一致、洁净、无裂缝,接缝应均匀、顺直;

③用手扳和目测检测墙面板关键连接部位的安装牢固度,且墙面板应无脱层、翘曲、折

143

裂及缺陷。

（3）吊顶系统的检测内容和要求应符合表4-16的规定。

表4-16 吊顶系统检测内容和要求

检测项目		检测要求及偏差			检测方法
标高、尺寸、起拱、造型		符合设计要求			目测、尺量
吊杆、龙骨、饰面材料安装		安装牢固			目测、手扳
石膏板接缝质量		安装双层石膏收时，面层板与基层板的接缝应错开并不得在同一根龙骨上接缝			目测
材料表面质量		饰面材料表面应洁净，色泽一致，不得有翘曲裂缝及缺损，压条应平直宽窄一致			目测
吊顶上设备安装		位置应符合设计要求，与饰面板交接应吻合严密			目测
		纸面石膏板/mm	金属板/mm	木板、人造木板/mm	
暗龙骨吊顶	表面平整度	3	2	2	2 m靠尺和塞尺检测
	接缝直线度	3	1.5	3	5 m拉线或钢直尺检测
	接缝高低差	1	1	1	2 m钢尺或塞尺检测
明龙骨吊顶	表面平整度	3	2	2	2 m靠尺和塞尺检测
	接缝直线度	3	2	3	5 m拉线或钢直尺检测
	接缝高低差	1	1	1	2 m钢尺或塞尺检测

（4）地面系统的检测内容和要求应符合表4-17的规定。

表4-17 地面系统检测内容和要求

检测项目		检测要求及偏差	检测方法
面层质量		表面洁净、色泽一致、无划痕损坏	目测
整体观感	整体震动	无震动感	感观
	局部下沉	无下沉、柔软感	脚踩
	噪声	无噪声	脚踩、行走
表面平整度、接缝质量	表面平整度	3 mm	水平仪检测
	衬板间隙	10～15 mm	钢尺检测
	衬板与周边墙体间隙	5～15 mm	钢尺检测
	缝格平直	3 mm	拉5 m线和钢尺检测
	接缝高低差	0.5 mm	钢尺和楔形塞尺检测

（5）集成厨卫系统应包括集成厨房系统和集成卫浴系统，检测内容和要求应符合表4-18和表4-19的规定。

表4-18 集成厨房系统检测内容和要求

检测项目		检测要求及偏差	检测方法
橱柜和台面等外表面		表面应光洁平整，无裂纹、气泡，颜色均匀，外表没有缺陷	目测
洗涤池、灶具、操作台、排油烟机等设备接口		尺寸误差满足设备安装和使用要求	钢尺检测
厨柜与顶棚、墙体等处的交接、嵌合，台面与柜体结合		接缝严密，交接线应顺直、清晰	目测
柜体	外形尺寸	3	钢尺检测
	两端高低差	2	钢尺检测
	立面垂直度	2	激光仪检测
	上、下口垂直度	2	
	柜门并缝或与上部及两边间隙	1.5	钢尺检测
	柜门与下部间隙	1.5	钢尺检测

表4-19 集成卫浴系统检测内容与要求

检测项目	检测要求及偏差	检测方法
外表面	表面应光洁平整，无裂纹、气泡，颜色均匀，外表没有缺陷	目测
防水底盘	+5 mm	钢尺检测
壁板接缝	平整，胶缝均匀	目测
配件	外表无缺陷	目测、手扳

（6）集成厨卫系统其他性能检测应符合现行行业标准《住宅整体卫浴间》JG/T 184 和《住宅整体厨房》JG/T 184 的规定。

（7）固定家具应检测其牢固度，可用手扳检测。

（8）内门窗系统检测内容和要求应符合表4-20的规定。

表 4 – 20　内门窗系统检测内容和要求

检测项目	检测要求及偏差	检测方法
启闭	开启灵活、关闭严密，无倒翘	目测、开启和关闭检查、手板检测
外表面	无划痕	目测、钢尺检测
配件安装质量	安装完好	目测、开启和关闭检查、手板检测
密封条	安装完好，不应脱槽	目测
门窗对角线长度差	3 mm	钢尺检测
门窗框的正、侧面垂直度	2 mm	垂直检测尺检测

3.2.2　室内环境

（1）装配式住宅建筑室内环境检测应包括空气质量检测、声环境质量检测、光环境质量检测和热环境质量检测。

（2）空气质量检测应包括氡、甲醛、苯、氨和总挥发性有机化合物（TVOC）的检测，检测方法应符合下列规定。

①氡检测的测量结果不确定度不应大于25%，所选方法的探测下限不应大于 10 Bq/m^3；

②甲醛检测可采用酚试剂分光光度法、简便取样仪器检测方法等，检测结果应符合现行国家标准《民用建筑工程室内环境污染控制规范》GB 50325 的规定；

（3）空气质量检测点数应符合表 4 – 21 的规定，且应符合下列规定。

①当房间内有 2 个及以上检测点时，应采用对角线、斜线、梅花状均衡布点，并取各点检测结果的平均值作为该房间的检测值；

②检测点应距内墙面不小于 0.5 m、距楼地面高度 0.8 ~ 1.5 m。检测点应均匀分布，避开通风道和通风口。

表 4 – 21　空气质量检测点数设置

房间使用面积 A/m^2	检测点数/个
$A < 50$	1
$50 \leqslant A < 100$	2
$100 \leqslant A < 500$	$\geqslant 3$

（4）空气质量检测要求应符合下列规定：

①民甲醛、苯、氨、总挥发性有机化合物（TVOC）浓度检测时，检测应在对外门窗关闭 1 h 后进行。对甲醛、氨、苯、TVOC 取样检测时，固定家具应保持正常使用状态；

②氡浓度检测时，应在房间的对外门窗关闭 24 h 以后进行。

（5）空气质量检测时所检测污染物的浓度限量应符合表 4 – 22 的规定。

表 4 – 22　空气中污染物浓度限量

检测项目	浓度限量
氡/($Bq \cdot m^{-3}$)	≤200
甲醛/($mg \cdot m^{-3}$)	≤0.08
苯/($mg \cdot m^{-3}$)	≤0.09
TVOC/($mg \cdot m^{-3}$)	≤0.2
氨/($mg \cdot m^{-3}$)	≤0.5

注：1. 表中污染物浓度测量值，除氡外均指室内测量值扣除同步测定的室外上风向空气测量值(本底值)后的测量值。

2. 表中污染物浓度测量值的极限判定，采用全数值比较法。

（6）声环境检测要求应符合下列规定：

①室外检测点应距墙壁或窗户 1 m 处，距地面高度 1.2 m 以上；

②室内检测点应距离墙面和其他反射面至少 1 m，距窗约 1.5 m 处，距地面 1.2 ~ 1.5 m 高，且门窗应全打开；

③测量应在无雨置、无雷电天气，风速 5 m/s 以下时进行；

④应在周围环境噪声源正常工作条件下测量，视噪声源的运行工况，分昼、夜两个时段连续进行；

⑤室内环境噪声限值昼间不应大于 55 dB，夜间不应大于 45 dB。

（7）光环境质量的检测内容和要求应符合现行国家标准《视觉环境评价方法》GB/T 12454 的规定。

（8）热环境质量的检测内容和要求应符合现行国家标准《视觉环境评价方法》GB/T 12454 的规定。

实训八
内装安装验收

1. 实训目的
熟悉内装安装验收；

掌握各种工具、设备的使用方法。

2. 实训内容
分组完成内装安装验收。

3. 实训所需工具、设备清单

表4-23　工具、设备清单

序号	分类	名称	规格型号	数量	单位	备注
1						
2						
3						
4						
5						
6						
7						
8						
9						
10						

4. 实训步骤
分组：将所有人分成若干小组，每组推选1名小组长，负责组内人员分配及职责分工。

布置任务：根据实训场条件，教师指定各组需完成的实践任务，并进行安全和技术交底工作。

小组完成实训：小组根据实践任务和技术文件等资料，进行人员分工，按时完成实践作业。

组内互评：实训结束后，组内总结并完成互评。

教师评分：教师根据实训考核评分表进行评分。

表4-24 金属门窗安装工程分户质量验收

检验项目		施工质量验收规范的规定		检验记录
主控项目	1	金属门窗的品种、类型、规格、尺寸、性能、开启方向、安装位置、连接方式及铝合金门窗的型材壁厚应符合设计要求，金属门窗的防腐处理及填嵌、密封处理应符合设计要求		
	2	金属门窗框和副框的安装必须牢固，预埋件的数量、位置、埋设方式、与框的连接方式必须符合设计要求		
	3	金属门窗扇必须安装牢固，并应开关灵活、关闭严密、无倒翘。推拉门窗扇必须有防脱落措施		
	4	金属门窗配件的型号、规格、数量应符合设计要求，安装应牢固，位置应正确，功能应满足使用需要		
一般项目	1	金属门窗表面应洁净、平整、光滑、色泽一致，无锈蚀，大面应无划痕、碰伤，漆膜或保护层应连续		
	2	铝合金门窗推拉门窗扇开关力应不大于100N		
	3	金属门窗框与墙体之间的缝隙应填嵌饱满，并采用密封胶密封；密封胶表面应光滑、顺直，无裂纹		
	4	金属门窗扇的橡胶密封条和毛毡密封条应安装完好，不得脱槽		
	5	有排水孔的金属门窗，排水孔应畅通，位置和数量应符合设计要求		
	6	项目	容许偏差/mm	
		门窗槽口宽度、高度 ≤1500 mm	1.5	
		>1500 mm	2	
		门窗槽口对角线长度差 ≤2000 mm	3	
		>2000 mm	4	
		门窗框的正、侧面垂直度	2.5	
		门窗框的水平度	2	
		门窗框标高	5	
		门窗竖向偏离中心	5	
		双层门窗内外框间距	4	
		推拉门窗扇与框搭接量	1.5	

验收结果：

参考文献

［1］三一筑工科技有限公司.装配式整体叠合结构成套技术［M］.北京：中国建筑工业出版社，2018.

［2］郭学明.装配式混凝土结构建筑的设计、制作与施工［M］.北京：机械工业出版社，2017.

［3］混凝土结构工程施工质量验收规范（GB 50204—2015）.

［4］装配式混凝土结构技术规程（JGJ 1—2014）.

［5］钢筋套筒灌浆连接应用技术规程（JGJ355—2015）.

［6］田竞.建筑施工组织与管理［M］.北京：机械工业出版社，2017.

［7］宋亦工.装配整体式混凝土结构工程施工组织管理［M］.北京：中国建筑工业出版社，2017.

［8］肖明和.装配式混凝土建筑施工技术.北京：中国建筑工业出版社，2018.

［9］长沙远大教育科技有限公司，湖南城建职业技术学院.装配式混凝土建筑施工技术［M］.长沙：中南大学出版社，2019.

［10］装配整体式混凝土结构工程施工与质量验收规范（DB 37/T5019—2014）.

［11］住房和城乡建设部.“十三五”装配式建筑行动方案（建科〔2017.77 号）.2017.

［12］住房和城乡建设.建筑业发展“十三五”规划（建市〔2017〕98 号）.2017.

［13］国务院办公厅.关于大力发展装配式建筑的指导意见.2016.

［14］装配式混凝土结构预制构件选用目录［M］.北京：中国计划出版社，2016.

［15］职业技能考评标准　PC 构件质检工（T/ZJX 010—2018）.

［16］预制带肋底板混凝土叠合楼板技术规程（JGJ/T 258—2011）.

［17］装配整体式混凝土结构工程预制构件制作与验收规程（DB37/T 5020—2014）.

图书在版编目(CIP)数据

装配式混凝土预制构件吊装施工技术／郭剑主编
. —长沙：中南大学出版社，2020.7
ISBN 978 - 7 - 5487 - 4047 - 6

Ⅰ.①装… Ⅱ.①郭… Ⅲ.①装配式混凝土结构—装
配式构件—结构吊装—工程施工—教材 Ⅳ.①TU37

中国版本图书馆 CIP 数据核字(2020)第 071376 号

装配式混凝土预制构件吊装施工技术
ZHUANGPEISHI HUNNINGTU YUZHI GOUJIAN DIAOZHUANG SHIGONG JISHU

郭剑　主编

□责任编辑　周兴武
□责任印制　周　颖
□出版发行　中南大学出版社

　　　　　　社址：长沙市麓山南路　　　　　　邮编：410083
　　　　　　发行科电话：0731 - 88876770　　　传真：0731 - 88710482

□印　　　装　长沙印通印刷有限公司

□开　　本　787 mm×1092 mm 1/16　　□印张 10　　□字数 251 千字
□版　　次　2020 年 7 月第 1 版　　□2020 年 7 月第 1 次印刷
□书　　号　ISBN 978 - 7 - 5487 - 4047 - 6
□定　　价　32.00 元